应用型人才培养建筑类专业创新教材

中西方建筑概论

田园方　孙晓波　主编

化学工业出版社
·北京·

内容简介

本书主要讲述中国古代建筑、西方古代建筑、中西方近现代建筑三部分内容。通过简洁的语言，图文并茂地将中西方建筑的基本知识、建筑特征和发展规律进行梳理和分析。本书内容翔实、结构明晰、重点突出，以期为广大建筑爱好者提供系统性、知识性的参考和帮助。本书以党的二十大精神为指引，落实立德树人根本任务。

本书开发有微课视频等丰富的数字资源，可通过扫描书中二维码获取。

本书可作为应用型本科院校、高等职业院校建筑类专业的基础教材，也可作为自学辅导用书或供专业人士学习参考之用。

图书在版编目（CIP）数据

中西方建筑概论 / 田园方，孙晓波主编. -- 北京：化学工业出版社，2024.10

ISBN 978-7-122-44146-1

Ⅰ.①中… Ⅱ.①田… ②孙… Ⅲ.①建筑史-中国-高等学校-教材②建筑史-西方国家-高等学校-教材 Ⅳ.①TU-092②TU-091

中国国家版本馆CIP数据核字（2023）第169709号

责任编辑：李仙华　邢启壮　　　　　　　装帧设计：王晓宇
责任校对：王　静

出版发行：化学工业出版社（北京市东城区青年湖南街13号　邮政编码100011）
印　　装：北京宝隆世纪印刷有限公司
880mm×1230mm　1/16　印张9½　字数261千字　2025年1月北京第1版第1次印刷

购书咨询：010-64518888　　　　　　　　售后服务：010-64518899
网　　址：http://www.cip.com.cn

凡购买本书，如有缺损质量问题，本社销售中心负责调换。

定　　价：49.80元　　　　　　　　　　　　　　　　　版权所有　违者必究

前言

中国古代建筑在长期的历史演进过程中，逐步形成了一种成熟的、独特的建筑体系，在世界建筑史上占有重要的地位。西方古代不同时期建筑风格的发展与演变影响了西方近现代建筑的特色，甚至世界建筑面貌。中西方近现代建筑的发展具有多元化的特征，是建筑发展过程中不可分割的组成部分，对世界建筑影响深远。

本书从中国古代建筑、西方古代建筑，以及中西方近现代建筑三部分内容出发，对中西方建筑进行系统梳理和分析；以翔实的史料和丰富的图片，将中西方建筑的基本知识、建筑特征和发展规律，通过中西方不同时期、不同地域代表性的优秀作品呈现出来，以期为广大建筑爱好者提供系统性、知识性的参考和帮助。本书扎实推动党的二十大精神融入教材建设，通过知识与技能的学习，将精益求精的工匠精神、严谨认真的工作态度、崇高的人生追求有效地传递给学生。

本书从能力结构、内容选择上对标职业标准、行业标准，将教材建设与教学数字资源相结合，融入近几年的教学改革模式、课程体系探索、教学内容和评价方法等方面的经验成果。本书配套丰富的教学资源，读者通过扫描二维码获取，与纸质教材配合使用，使教材内容更丰富易懂、更具实用性，是一本适应新时代教育发展的教材。

本书由河北工业职业技术大学田园方、孙晓波担任主编；北京国文琰文化遗产保护中心有限公司李欣宇，河北工业职业技术大学李雪塞、贾真、张婷担任副主编；河北工业职业技术大学韩宏彦、赵璇、付卿，河北正定师范高等专科学校刘娜参编。河北工业职业技术大学王冬主审。具体编写分工如下：第1章、第2章、第3章、第4章由田园方编写；第5章、第6章、第7章、第8章由孙晓波编写；第9章和第10章由李欣宇编写。李雪塞、贾真、张婷、韩宏彦、赵璇、付卿、刘娜完成图片采集编辑等工作。在编写过程中，编者参阅了相关书籍和资料，在此对相关资料的作者表示感谢！

本书配套有电子课件，可登录www.cipedu.com.cn免费获取。

由于编者学识有限，书中难免还有纰漏和不妥之处，恳请读者批评指正。

编者
2024.08

目录

第一篇 中国古代建筑

第1章 中国古代建筑发展概况 /002

1.1	建筑的萌芽——原始社会建筑	/002
1.2	建筑的开端——奴隶社会建筑	/005
1.3	建筑发展期——封建社会前期建筑	/008
1.4	建筑成熟期——封建社会中期建筑	/011
1.5	建筑稳定期——封建社会后期建筑	/014

第2章 中国古代建筑的特征 /016

2.1	巧妙而科学的木框架结构	/016
2.2	独特的单体建筑特征	/019
2.3	庭院式组群布局	/020
2.4	多姿多彩的建筑装饰	/021
2.5	古建筑中的思想观念	/023

第3章 中国古代建筑的主要类型 /024

3.1	庄严雄伟的都城建筑	/024
3.2	匠心独运的礼制建筑	/032
3.3	各具特色的民居建筑	/038
3.4	包罗万象的宗教建筑	/045
3.5	意境深远的园林建筑	/048

中西方建筑概论

第二篇
西方古代建筑

第4章 原始社会时期的建筑发展 /054
- 4.1 旧石器时期的建筑 /054
- 4.2 新石器时期的建筑 /055

第5章 古代时期建筑样式与风格 /057
- 5.1 古希腊建筑样式与风格 /057
- 5.2 古罗马建筑样式与风格 /067

第6章 中世纪时期建筑样式与风格 /077
- 6.1 拜占庭建筑样式与风格 /077
- 6.2 罗马式建筑样式与风格 /081
- 6.3 哥特式建筑样式与风格 /084

第7章 文艺复兴时期建筑样式与风格 /089
- 7.1 文艺复兴运动的起源与发展概述 /089
- 7.2 文艺复兴时期建筑样式与风格特征 /090

第8章 欧洲17～18世纪建筑样式与风格 /101
- 8.1 巴洛克建筑样式与风格 /101
- 8.2 法国古典主义建筑样式与风格 /106
- 8.3 洛可可建筑样式与风格 /113

第三篇
中西方近现代建筑

第9章 中国近现代时期建筑 /116

9.1 外来的影响——西方建筑风格的传入　/116
9.2 传统的延续——对中国传统建筑样式的继承与复兴　/121
9.3 现代主义建筑在中国的发展　/123

第10章 西方近现代时期建筑 /127

10.1 18世纪中叶至19世纪下半叶欧美盛行的复古思潮　/127
10.2 19世纪下半叶至20世纪初对新建筑的探索　/131
10.3 现代建筑运动的高潮与代表人物　/137
10.4 后现代主义时期的建筑思潮　/142

参考文献 /144

二维码资源目录

编号	资源名称	资源类型	页码
1.1	原始社会建筑	视频	002
1.2	奴隶社会建筑	视频	006
1.3	封建社会前期建筑	视频	008
1.4	封建社会中期建筑	视频	011
2.1	木构特征	视频	016
2.2	建筑特征	视频	019
3.1	都城建设—城市规划	视频	024
3.2	宫殿建筑	视频	029
3.3	民居建筑	视频	038
3.4	园林建筑	视频	048
5.1	古希腊建筑—雅典卫城	视频	062
5.2	古罗马代表建筑	视频	071
6.1	哥特式建筑	视频	084
7.1	文艺复兴运动	视频	089
9.1	中国近现代建筑赏析	视频	122
10.1	西方近现代建筑赏析	视频	127

第一篇
中国古代建筑

第 1 章
中国古代建筑发展概况

> **素质目标**
> - 在理解中国古代建筑各历史时期不同特点以及发展演变规律基础上，培养学生观察和分析建筑现象的能力；
> - 学习中国建筑多样性，体会中华建筑文化的独特魅力，培养民族自尊心和自豪感；
> - 了解建筑发展的历史过程，培养学生建筑审美修养和古建筑保护意识。

我国古代建筑经历了原始社会、奴隶社会和封建社会三个历史阶段，其中封建社会是形成我国古代建筑风格的主要阶段。

在原始社会，建筑的发展是极其缓慢的。漫长的岁月里，我们的祖先从艰难地建造穴居和巢居开始，逐步地掌握了营建地面房屋的技术，创造了原始的木架建筑，满足了最基本的居住和公共活动要求。在奴隶社会里，大量奴隶的劳动和青铜工具的使用，使建筑有了巨大发展，出现了宏伟的都城、宫殿、宗庙、陵墓等建筑。以夯土墙和木构架为主体的建筑在此时初步形成，后期出现了瓦屋彩绘的豪华宫殿。长期的封建社会里，中国古代建筑逐步形成了一种成熟的、独特的体系，不论在城市规划、建筑群、园林、民居等方面，还是在建筑空间处理、建筑艺术与材料结构的和谐统一、设计方法、施工技术等方面，都有卓越的创造与贡献。

1.1 建筑的萌芽——原始社会建筑

中国境内已知的最早人类住所是天然的岩洞。旧石器时代，原始人居住的岩洞在我国北京、辽宁、贵州等多地都有发现。《易·系辞下》曰"上古穴居而野处"，由此可见旧石器时代，原始人多采用天然洞穴作居住之所。《韩非子》曰："上古之世，人民少而禽兽众，人民不胜禽兽虫蛇。有圣人作，构木为巢以避群害。"以此推测，巢居形式亦已存在，为地势低洼潮湿且多虫蛇的地区采用的一种居住方式。

古代文献记载表明中国原始建筑存在着"构木为巢"的"巢居"和"穴而处"的"穴居"两种主要构筑方式。由于我国南北方各地气候、地理、材料等条件的不同，营建方式也多种多样，其具有代表性的房屋遗址主要有两种：一种是长江流域多水地区由巢居发展而来的干阑式建筑；另一种是黄河流域由穴居发展而来的木骨泥墙房屋。

1.1.1 巢居

巢居，即以树干为"桩"，树枝为"梁"，再用树条绳索绑扎成楼板和屋顶的骨架，敷以

二维码1.1

茅草而形成的一种房屋居住样式，多出现于长江流域以南地区的河姆渡等原始文明中。巢居形式是干阑式建筑的原形。

长江流域发现的浙江余姚河姆渡村建筑遗址距今约六七千年，是干阑式建筑的代表，也是我国已知的最早采用榫卯技术构筑木结构房屋的一个实例。已发掘的部分是长约23m、进深约8m的木构架建筑遗址，推测是一座长条形的、体量相当大的干阑式建筑（图1-1）。木构件遗物有柱、梁、板等，许多构件上都带有榫卯（图1-2）。根据出土的工具来推测，这些榫卯是用石器加工的。这一实例说明，当时长江下游一带木结构建筑的技术水平高于黄河流域。

图1-1 河姆渡遗址房屋复原图

1.1.2 穴居

黄河流域有广阔而丰厚的黄土层，其土质均匀，含有石灰质，有壁立不易倒塌的特点，便于挖作洞穴。因此原始社会晚期，竖穴上覆盖草顶的穴居成为黄河流域氏族部落广泛采用的一种居住方式。随着原始人营建经验的不断积累和建筑技术的提高，穴居从竖穴逐步发展到半穴居，最后又被地面建筑所代替。

原始社会晚期，黄河流域先后出现了仰韶文化和龙山文化。仰韶时期的氏族过着以农业为主的定居生活，当时的原始村落多选择河流两岸的台地作为基址，这里地势高亢，水土肥美，有利于耕牧与交通，适宜定居，出现了房屋和聚落。仰韶时期的氏族村落已有初步的区划布局。环绕向心、中轴对称、主次分明等建筑布局原则及若干基本几何形体的应用，已大量体现于聚落、祭坛和居住建筑之中，如陕西西安半坡村遗址（图1-3）。

图1-2 浙江余姚河姆渡遗址的干阑建筑构件

聚落分布也呈现一定的规划性。考古发现的西安半坡村一处氏族聚落（图1-4），其发掘部分呈不规则圆形。居住区南靠河流，北面环绕防御壕沟，居住区以公共活动的"大房子"为中心，周围环绕半穴居小住房，壕沟外北部为墓葬区，东部为制陶窑场。

这种聚落的布局，充分反映了氏族社会的社会结构，说明人们在生产和生活中的集体性质和成员之间的

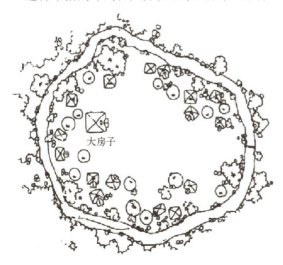

图1-3 陕西西安半坡村聚落遗址

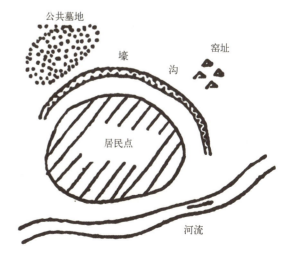

图1-4 西安半坡村原始村落示意图

平等关系。集中的大面积的公共墓地，除了反映氏族制度以外，还表明当时存在着原始的宗教信仰。

半坡村仰韶时期房屋主要有方形和圆形两种，早期的房屋以圆形单间为主，后期以方形多间为主。圆形房屋（图1-5）一般建造在地面上，直径约4～6m。周围密排较细的木柱，柱与柱之间用编织的方法构成壁体。室内有2～6根较大的柱子。屋顶在圆锥形的基础形状之上，结合内部柱子，向上再建造一个两面坡式的小屋顶。房屋内部地面上，挖有弧形浅坑作火塘，供炊煮食物和取暖之用。

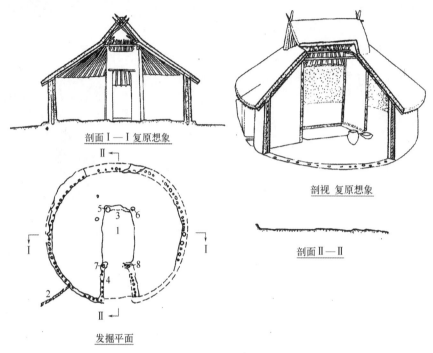

图1-5　西安半坡村仰韶时期圆形房屋
1—灶坑；2—墙壁支柱炭痕；3，4—隔墙；5～8—屋内支柱

后期房屋多为方形浅穴（图1-6），面积约20m²，通常在黄土地面上掘成50～80cm深的浅穴。门口有斜阶通至室内地面。阶道上部搭有简单的人字形顶盖。木柱紧密而整齐地排列，构成壁体用来支撑屋顶的

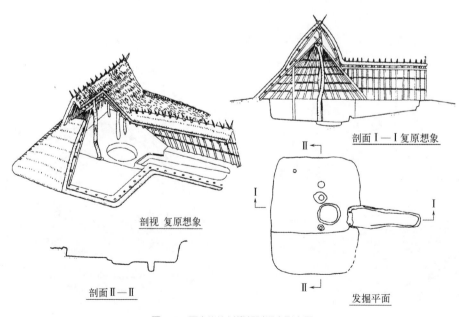

图1-6　西安半坡村仰韶时期方形房屋

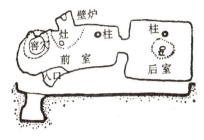

图1-7 龙山文化房屋平面图

边缘部分。住房中部用柱子作为骨架，支撑屋顶。屋顶形状可能用四角攒尖顶，也很可能在攒尖顶上部，利用内部柱子，再建采光和出烟的二面坡屋顶。壁体和屋顶敷设草泥土或草，室内地面用草泥土铺平压实。

母系氏族社会的仰韶文化之后是父系氏族社会的龙山文化。龙山文化的住房遗址已有家庭私有的痕迹，出现了双室相连的套间式半穴居，平面呈"吕"字形（图1-7）。内室与外室均有烧火面，是煮食与烤火的地方。外室设有窖穴，供家庭储藏之用，这与仰韶时期窖穴设在室外的布置方式不同。套间的布置也反映了以家庭为单位的生活。龙山时期在建筑技术方面的发展是广泛地在室内地面上涂抹光洁坚硬的白灰面层，使地面有了防潮、清洁和明亮的效果。白灰面出现在仰韶中期，某些仰韶晚期的遗址已在室内地面和墙上采用白灰抹面，但普遍采用是在龙山时期。

1.2 建筑的开端——奴隶社会建筑

中国黄河流域氏族社会的晚期，已经有私有制萌芽。从若干龙山文化墓葬的随葬品中，可以见到当时贫富不均的现象，反映出氏族领袖和一般氏族成员地位的差别。随着氏族部落内部经济的发展和部落间的战争掠夺，奴隶数目逐渐增多，促进了阶级分化与奴隶社会的形成。公元前21世纪，中国历史上第一个朝代夏朝的建立，标志着奴隶制国家的诞生。

1.2.1 夏

我国古代文献记载，黄河中下游一带为夏朝活动的主要区域，其统治中心为嵩山附近的豫西一带。考古学家在河南登封告成镇发现了4000年前夏朝初期的遗址，其中包括东西紧靠在一起的两座城堡，东城已被河水冲走，西城平面略呈方形，筑城方法比较原始，是用卵石夯土制成。

1959年，考古学家在河南偃师二里头发现了夏时期大型宫殿和中小型建筑数十座。其中一号宫殿规模最大（图1-8），是至今发现的我国最早的规模较大的木架夯土建筑和庭院。其夯土台残高约80cm，东西约108m，南北约100m。夯土台上有一座面阔8间的殿堂，周围有回廊环绕，南面有门的遗址，殿堂柱列整齐、各间面阔统一，已具备了传统建筑的基本空间要素，即门、墙、廊、庭院和主体。

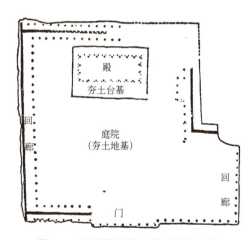

图1-8 河南偃师二里头一号宫殿遗址平面

在随后发现的二里头另一座殿堂遗址中，可以看到更为规整的廊院式建筑群。二里头宫殿开创中国宫殿建筑的先河，其采用土木相结合的"茅茨土阶"的构筑方式；单体建筑内部已可能存在"前堂后室"的空间划分；建筑组群呈现庭院式的格局。这表明中国传统的院落式建筑群组合在夏代至商代早期开始走向定型。

1.2.2 商

二维码1.2

公元前16世纪建立的商朝是我国奴隶社会的大发展时期。甲骨文的发现，使我国开始有了文字记载的历史，已经发现的记载当时史实的商朝甲骨卜辞就有10余万片。大量商朝青铜礼器、生活用具、兵器和生产工具等的发现，反映出当时青铜工艺已达到了相当纯熟的程度，手工业专业化分工已很明显。手工业的发展、生产工具的进步以及大量奴隶劳动的集中，使商代建筑技术水平有了明显的提高。夯土技术趋向成熟，与木构技术相结合形成了"茅茨土阶"的构筑方式。文献记载有"殷人重屋"之说，"重屋"即重檐屋顶。商代此时宫殿的建筑形象是在低矮的夯土台上，用木材作为骨架，墙面以泥抹面，茅草的屋顶整体外观古拙简洁，即所谓"茅茨土阶，四阿重屋"。此时城市建筑显著进步，城市形态开始形成择中型因势型布局。商代代表城址有郑州商城遗址、武汉黄陂盘龙城遗址、河南偃师尸沟乡商城遗址。

武汉黄陂盘龙城遗址（图1-9）建筑坐落在1m高的夯土台面上，尺寸约290m×260m，周边檐柱内有四间木骨泥墙的居室，前后檐柱排列数目不相等，推测可能是商朝某一诸侯国的宫殿遗址。

河南偃师尸沟乡商城遗址（图1-10）由宫城、内城、外城组成。宫城位于内城的南北轴线上，外城是后来扩建的。已发掘的宫殿遗址上下叠压3层，均为庭院式建筑，其中主殿长达90m，是迄今所知最宏大的商初单体建筑遗址。

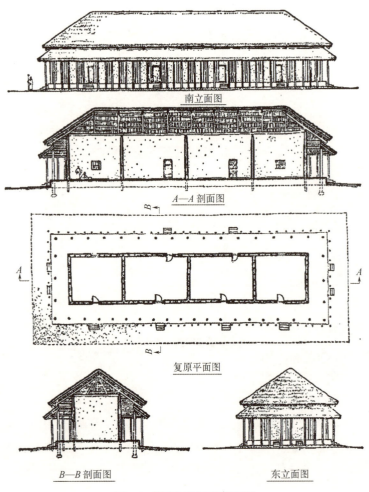

图1-9 黄陂盘龙城商代宫殿遗址

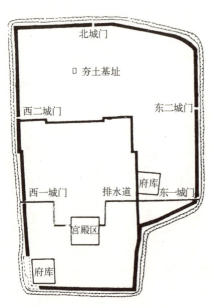

图1-10 河南偃师尸沟乡商城遗址平面

1.2.3 西周

周灭商，建造了一系列奴隶主实行政治、军事统治的城市。根据宗法分封制度，奴隶主内部规定了严格的等级。在城市规模上，诸侯城的大小、城墙高度、道路宽度以及各种重要建筑物都必须按等级制造。陕西岐山凤雏村建筑遗址（图1-11）是西周早期的代表性建筑遗址，这是一座相当严整的四合院式建筑，由二进院落组成。中轴线上依次为影壁、大门、前堂、后室。前堂与后室之间用廊子连接。门、堂、室的两侧为通长的厢房，将庭院围成封闭空间。院落四周有檐廊环绕。房屋基址下设有排水陶管和卵石叠筑的暗沟，以排除院内污水。屋顶已采用瓦。这组建筑物规模并不大，却是我国已知最早最严整的四合院实例。

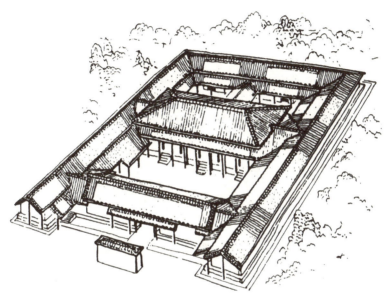

图1-11　陕西岐山凤雏村建筑遗址复原图

瓦的发明是西周在建筑上的突出成就，使西周建筑从"茅茨土阶"的简陋状态进入了比较高级的阶段。制瓦技术是从陶器制作发展而来的。在西周早期陕西岐山凤雏村建筑遗址中，已发现用于屋脊、天沟和屋檐的瓦（图1-12）。到西周中晚期，从陕西扶风召陈遗址中发现的瓦的数量显著增加，有的屋顶已全部铺瓦。瓦

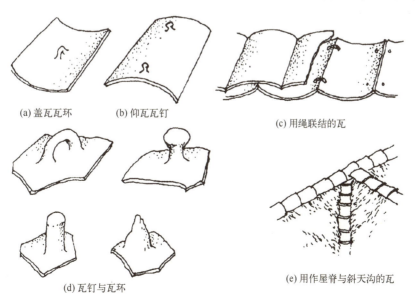

(a) 盖瓦瓦环　　(b) 仰瓦瓦钉　　(c) 用绳联结的瓦

(d) 瓦钉与瓦环　　(e) 用作屋脊与斜天沟的瓦

图1-12　岐山凤雏村建筑遗址中出土的西周瓦

的质量也有所提高,并且出现了半瓦当。在凤雏的建筑遗址中还发现了在夯土墙或土坯墙上采用三合土(白灰+砂+黄泥)的抹面,表面平整光洁。

1.2.4 春秋

春秋时期,由于铁器和耕牛的使用,社会生产力水平有很大提高,贵族们的私田大量出现,奴隶社会的井田制日益瓦解,封建生产关系开始出现,随之手工业和商业也相应发展。春秋时期,建筑上的重要发展是瓦的普遍使用和作为诸侯宫室用的高台建筑(或称台榭)的出现。

考古学家在山西、河南、陕西等地春秋时期的建筑遗址中都发现了大量的板瓦、筒瓦以及一部分半瓦当和全瓦当,在陕西凤翔秦雍城遗址中还出土了砖及质地坚硬、表面有花纹的空心砖,这说明中国早在春秋时期就开始有了用砖的历史。

这一时期,各诸侯国出于政治、军事统治和生活享乐的需要,建造了大量高台宫室。即以阶梯形的土台为核心,逐层架立木构房屋的一种土木结合的台榭建筑方式。中国古代将地面上的夯土高墩称为台,台上的木构房屋称为榭,两者合称为台榭。春秋至汉代的六七百年间,台榭是宫室、宗庙中常用的一种建筑形式,具有防潮和防御的功能。后期形成以台榭为中心,在周围建山水园林的苑囿组群建筑。随着诸侯日益追求宫室华丽,建筑装饰与色彩在此时有了进一步的发展,而且有了严格的等级划分。

1.3 建筑发展期——封建社会前期建筑

春秋末期,奴隶社会开始向封建社会转变,到公元前475年进入战国时代,中国封建制度逐步确立。

1.3.1 战国

战国时期手工业、商业发展,城市繁荣,规模日益扩大,出现了一个城市建设的高潮,如齐的临淄、赵的邯郸、魏的大梁,不仅是诸侯统治的据点,更是工商业大城市。据记载,当时临淄居民达到7万户,街道上车轴相击,人肩相摩,热闹非凡。此时大规模宫室和高台建筑开始兴建,即在高大的夯土台上再分层建造木构架房屋。这种土木结合的建筑物外观宏伟,位置高敞,适合宫殿的要求。此时的建筑技术也有了巨大发展,特别是铁制工具斧、锯、锥、凿等的应用,促使木架建筑施工质量和结构技术大为提高。筒瓦和板瓦也开始在宫殿建筑上广泛应用,并出现了在瓦上涂朱色的做法。装修用的砖也出现了,表明当时制砖技术已达到相当成熟的水平。

二维码1.3

咸阳市东郊发掘的一座高台建筑遗址,是战国时秦咸阳宫殿遗址之一(图1-13)。这是一座60m×45m的长方形夯土台,高6m,台上建筑物由殿堂、过厅、居室、浴室、回廊、仓库和地窖等组成,高低错落,形成一组复杂壮观的建筑群。其中殿堂为二层,寝室中设有火炕,居室和浴室都设有取暖的壁炉,地窖系冷藏食物之用,由直径60cm的陶管用沉井法建成,窖底用陶盆盛物。遗址里还发现了由陶漏斗和管道组成的排水系统。这种具备取暖、排水、冷藏、浴洗等设施的建筑,显示了战国时的建筑水平。

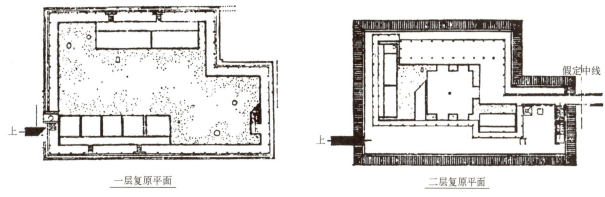

一层复原平面　　　　　　　　　　　二层复原平面

图1-13　秦咸阳一号宫殿遗址

1.3.2　秦

秦始皇灭六国，统一全国，建立了我国历史上第一个中央集权的封建国家，统一货币和度量衡，统一文字，修驰道通达全国，修筑长城以御匈奴。这些措施对巩固统一的封建国家起了一定的积极作用。另一方面，秦始皇为满足穷奢极欲的生活，集中全国巧匠和良才，在咸阳附近修筑都城、宫殿、陵墓，历史上著名的阿房宫、秦始皇陵，至今遗址犹存。这些宫苑模仿战国时代各国的宫室建筑，使当时不同的建筑形式和技术经验得到了融合和发展。

秦都城咸阳的建设摒弃了传统的城郭制度，在布局上具有独创性。因地制宜，依山就势，削山坡为土台，沿山边筑城郭，按自然地形发展，在规划上打破了战国时各国王城以宫室为中心的规划思想。

宫殿建设技术也突飞猛进。宫殿建设中吸取了各国不同的建筑风格和技术经验，修建了众多宫殿。最著名的阿房宫，其前殿遗址东西长1270m，南北宽426m，高7～9m，高台建筑、飞阁复道、数殿相连、蔚为壮观。其工程浩大，至秦亡尚未完工。规模宏大的秦始皇陵，在我国历史上也是空前的。

长城源于战国时诸侯间相互的攻战自卫，秦统一后，扩建原有长城，连成3000多公里的防御线。

1.3.3　汉

两汉处在封建社会的上升期，社会生产力的发展使建筑技术显著进步，是中国建筑发展的又一个繁荣时期。其主要表现如下。

（1）木构架建筑渐趋成熟

中国古代建筑的基本类型在此时趋于完备，有宫殿、苑囿、陵墓等皇家建筑，有明堂、宗庙、辟雍等礼制性建筑，有坞壁、宅第等居住建筑，还出现了佛教寺庙建筑。建筑组群建筑规模扩大，如未央宫有"殿台四十三"。

木架建筑虽无遗物，但根据当时的画像砖、画像石、明器陶屋等间接资料来看，形成了抬梁式、穿斗式两种主要的木结构形式。在成都出土的画像砖住宅图中，已有柱上架梁、梁上立短柱、柱上再架梁的抬梁式木构架形象（图1-14）。多层木架建筑已较普遍，独立的、大型多层的木构楼阁兴起。

图1-14　抬梁式结构——四川成都画像砖

作为中国古代木架建筑显著特点之一的斗栱，在汉代已普遍使用。在东汉的画像砖、明器和石阙上，都可以看到各种斗栱的形象。虽未像唐、宋时期那样达到定型化程度，但其结构作用已较为明显，即为了保护土墙、木构架和房屋的基础，而用向外挑出的斗栱承托屋檐，使屋檐伸出到足够的深度。随着木结构技术的进步，作为中国古代建筑特色之一的屋顶形式也多样起来，出现了庑殿顶、歇山顶、悬山顶和攒尖顶4种屋顶形式。

（2）制砖技术和拱券结构的发展

空心砖大量应用于西汉砖墓中，东汉出现了砖砌穹窿顶墓室。制砖和拱券结构方面，墓砖多样化，筒拱顶有纵联砌法与并联砌法，并出现穹窿顶（图1-15）。

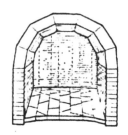

图1-15 汉代筒形墓

（3）石建筑得到突飞猛进的发展

主要表现在岩墓、石拱券墓、多山地区崖墓的发展以及墓祠、墓表、石兽、石碑等。在岩石上开凿岩墓，或利用石材砌筑梁板式墓或拱券式墓，地面的石建筑有墓阙、墓祠、墓表以及石兽、石碑等。

1.3.4 三国、晋、南北朝

从东汉末年经三国、两晋到南北朝，是我国历史上政治不稳定、战争破坏严重、长期处于分裂状态的一个阶段，在建筑上主要是继承和运用汉代的建筑风格。佛教的传入引起了佛教建筑的发展，并带来了印度、中亚一带的雕刻、绘画艺术，使我国的石窟、佛像、壁画等有了巨大发展，对建筑艺术产生了影响，使汉代比较质朴的建筑风格，变得更为成熟。

这个时期最突出的建筑类型是佛寺、佛塔和石窟。佛教在东汉初就已传入中国，至魏、晋、南北朝，兴建了大量寺院、佛塔和石窟。早期的佛寺以塔为中心，即塔置寺中央，塔后为殿。随着"舍宅为寺"增多，逐渐形成以殿堂为主的寺庙。佛塔传到中国后缩小成塔刹，与多层木构楼阁相结合，形成了特有的楼阁式木塔，同时还出现了密檐式砖塔。石窟寺是在山崖上开凿出来的窟洞形佛寺。在我国，汉代已掌握了开凿岩洞的施工技术，出现了大量岩墓，其中著名的有山西大同云冈窟、河南洛阳龙门石窟、山西太原天龙山石窟（图1-16）等。石窟中所保存下来的历代雕刻与绘画是我国宝贵的古代艺术珍品。石窟的壁画、雕刻、前廊和窟檐等方面所表现的建筑形象，是研究南北朝时期建筑的重要资料。

自然山水式风景园林在该时期也有了较大发展。自然山水式风景园林在秦汉时开始兴起，到魏晋南北朝时期有重大的发展。一方面，由于贵族豪门追求奢华生活，以园林为游宴享乐之所；另一方面，士大夫以寄情山水为高雅，因此促进了自然式山水园林兴盛。南北朝时，除帝王苑囿外，还兴建了不少官僚贵族的私园，园中开池引水，堆土为山，植林聚石，模仿自然山水使之再现于有限空间内的造园手法已经普遍采用。

在石刻方面，技术水平比汉代有了进一步提高，南朝陵墓的辟邪（图1-17）简洁有力、概括力强、比例适当，造型凝练优美，细部处理贴切，是南北朝时期的艺术珍品。

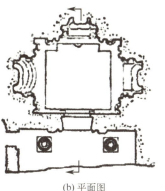

图1-16 山西太原天龙山第十六窟平面图、剖面图

图1-17 南朝陵墓的辟邪

1.4 建筑成熟期——封建社会中期建筑

隋、唐至宋是我国封建社会的鼎盛时期，也是我国古代建筑的成熟时期，在城市建设、木架建筑、砖石建筑、建筑装饰、设计和施工技术方面都有巨大发展。

1.4.1 隋

隋朝结束了我国长期战乱和南北分裂的局面，封建社会技术、经济、文化得到进一步发展。

二维码1.4

建筑上主要是兴建都城——大兴城和东都洛阳城，以及大规模的宫殿和苑囿。都城采用里坊制，整体气势严整宏大，是我国古代宏伟、严整的方格网道路系统城市规划的范例。其中大兴城又是我国古代规模最大的城市，大兴城经唐代继承发展，成为我国古代城市规划的范例。另外，还开凿了南北大运河、修筑长城等。在这一时期建造的河北赵县安济桥（图1-18），由隋朝石匠李春设计，跨度37m，造型舒展轻盈，艺术风格新颖豪放，在技术上采用空腹拱桥的设计不仅可减轻桥的自重，还能减少山洪对桥身的冲击力，为世界桥梁史上的首创，是建筑技术和建筑艺术的完美结合。它不仅是我国古代建筑的瑰宝，更是世界上现存年代久远、跨度最大、保存最完整的敞肩石拱桥。

图1-18 河北赵县安济桥

1.4.2 唐

唐朝是我国封建社会经济文化的发展高潮时期，建筑技术和艺术都取得了巨大的发展和提高。唐代建筑主要成就和特点如下：

① 规模宏大，规划严整。唐长安城布局在曹魏邺城的基础上做了改进，面积达到83.1平方公里，按中轴对称布局，由外郭城、宫城和皇城组成，城内街道纵横交错，总体规划整齐，布局严整，堪称中国古代都城的典范。

② 建筑群处理愈趋成熟。在空间组合上，利用地形和运用前导空间与建筑物来陪衬主体，同时强调纵轴方向的陪衬，加强突出主体建筑。

③ 木建筑解决了大面积、大体量的技术问题，并已定型化。抬梁式木构架发展日趋成熟，斗拱部分构件形式及用料都已规格化，出现了用材制度。

④ 设计与施工水平提高。出现了专门从事建筑设计与施工的阶层"都料"，并沿用至元代。

⑤ 砖石建筑进一步发展。砖石佛塔、石窟、经幢等大量建造。目前我国保留下来的唐塔均为砖石塔，其类型有楼阁式、密檐式和单层塔。其中楼阁式砖塔由木塔演变而来，如西安大雁塔；密檐塔外轮廓柔和，与嵩岳寺塔相似，砖檐多用叠涩法砌成，如西安小雁塔等；单层塔多为僧人墓塔，如河南登封会善寺净藏禅师塔、山西平顺海会院明惠大师塔。

⑥ 建筑艺术加工技术成熟。建筑物上没有纯粹为了装饰而加上去的构件，也没有歪曲建筑材料性能，使之屈从于装饰要求的现象。唐代建筑气魄雄伟，严整而又开朗，屋顶舒展平远，门窗朴实无华，色调简洁明快。斗拱的结构、柱子的形象、梁的加工等都令人感到构件本身受力状态与形象之间内在的联系，反映出建筑艺术加工与结构的统一。

1.4.3 五代十国

"安史之乱"后，唐朝日渐衰落，最后进入五代十国的分裂时期。该时期经济发展缓慢，建筑上主要是继承唐代的建筑传统，很少有新的创新。只有长江下游的吴越、南唐、前蜀等地区战争较少，仅吴越、南唐石塔和砖木混合结构的塔比唐朝时有所发展，对后期北宋建筑的发展产生了不少影响。典型的石塔有南京栖霞山舍利塔、杭州闸口白塔与灵隐寺双石塔；典型的砖木混合结构的塔有苏州虎丘云岩寺塔、杭州保俶塔等；广州南汉还出现了铸造的铁塔。

1.4.4 宋

宋朝在政治上和军事上是我国古代史上较为衰弱的朝代，但农业、手工业和商业都有发展，不少手工业部门超过了唐代的水平，科学技术有很大进步，产生了伟大的发明。宋朝手工业与商业的发展，也使建筑水平达到了新的高度。

（1）城市结构和布局发生根本变化

唐以前的封建都城实行夜禁和里坊制度，日益发展的手工业和商业必然要求突破这种封建统治的桎梏。到了宋朝，都城汴梁打破夜禁和里坊制度，改为开放的街巷制，整个城市面貌发生改变。如北宋都城汴梁整个平面布局呈回字形，商业、饮食业、娱乐业城市建筑显著增多。

(2) 木架建筑采用了古典的模数制

北宋时，在政府颁布的建筑预算定额——《营造法式》中规定，把"材"作为造屋的尺度标准，即将木架建筑的用料尺寸分成八等，按屋宇的大小、主次量屋用"材"。"材"一经选定，木构架部件的尺寸就整套按规定来，不仅设计可以省时，工料估算也有统一标准，施工也方便。以后历朝的木架建筑都沿用相当于以"材"为模数的办法，直到清代。

(3) 建筑组合在总平面上加强了进深方向的空间层次，衬托主体建筑

此时建筑规模一般比唐朝小，无论组群与单体建筑都没有唐朝那种宏伟刚健的风格，但比唐朝建筑更为秀丽、绚烂而富于变化。

(4) 建筑装饰与色彩有很大发展

宋代开始大量使用格子门、格子窗，门窗格子有球纹、古钱纹等多种式样，在改善采光条件的同时，还增加了装饰效果。建筑木架部分开始采用各种华丽的彩画（图1-19），加上琉璃瓦的大量使用，使建筑形象趋于柔和秀丽。

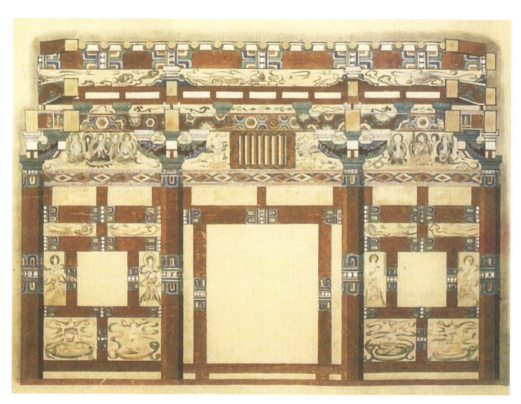

图1-19 宋代室内彩画

(5) 砖石建筑水平达到新的高度

这时的砖石建筑主要仍是佛塔，其次是桥梁。黄河流域以南各省宋塔数量分布较多。宋塔绝大多数是砖石塔，其平面多为八角形平面。可供登临远眺的楼阁式塔，塔身多为筒体结构，墙面及檐部多仿木建筑形式或采用木构屋檐，其中现存最高的是河北定州开元寺料敌塔。河南开封佑国寺塔，是我国现存最早的琉璃塔。福建泉州开元寺的两座石塔是我国规模最大的石塔。砖石建筑反映了当时砖石加工与施工技术所达到的高超水平。

（6）园林日渐兴盛

北宋、南宋时，社会经济得到一定发展，统治集团生活奢靡，建造了大量宫殿园林，北宋末年在宫城东北营建苑囿和私家园林。西京洛阳是贵族官僚退休养老之地，唐时已有不少园林，宋时续有增添，数量更多。

1.4.5 辽、金

辽代建筑主要是吸取唐代北方传统做法而来，因此较多保留唐代建筑的手法。佛塔多采用密檐塔，阁楼式塔较少。山西应县佛宫寺释迦塔（图1-20），建于辽代，是我国现存最高最久远的木构塔式建筑，也是唯一一座木结构楼阁式塔。

金朝建筑既沿袭了辽代传统，又受到宋朝建筑影响。现存的金代建筑多为辽宋之结合，建筑装饰与色彩比宋更为富丽。

图1-20　山西应县佛宫寺释迦塔

1.5 建筑稳定期——封建社会后期建筑

元、明、清是我国封建社会晚期，政治、经济、文化的发展都处于迟缓状态，建筑的发展也是缓慢的。

1.5.1 元

元代建筑发展处于凋敝状态。都城建设方面，以琼华岛为中心兴建元大都，这是我国第一个按照《考工记》理想所设计的城市。此时宗教建筑异常兴盛，如北京妙应寺白塔，其由尼泊尔工匠设计，是喇嘛塔中的杰出作品，此后喇嘛塔成为我国佛塔建筑的主要类型之一。木架建筑方面，主要是继承宋、金传统，构件被简化，进一步加强了木构架本身的整体性和稳定性。目前保存的元代木建筑有数十处，以山西洪洞的广胜寺和山西永济永乐宫为代表。

1.5.2 明

明代是我国封建社会晚期中的一个繁荣期，随着工商业和经济的发展，建筑技术得到了较大的提升。

砖开始普遍用于民居砌墙。砖墙的普及为硬山建筑的应用创造了条件，并且出现了全部用砖拱砌成的建筑物无梁殿，重要的无梁殿实例有明中叶所建的南京灵谷寺、苏州开元寺等。琉璃面砖、琉璃瓦质量提高，色彩更丰富，应用更加广泛，主要实例有南京报恩寺塔、山西洪洞县广胜寺飞虹塔、山西大同九龙壁等。

木结构方面，明代形成了新的定型的木构架：斗拱结构作用减少，梁柱构架的整体性加强，建筑形象趋于严谨稳重，建筑群的布置更为成熟。如南京明孝陵和北京十三陵，是善于利用地形和环境来形成陵墓肃穆气氛的杰出实例。

官僚地主私园发达，江南一带尤为盛行。官僚建筑的装修、彩画、装饰也日趋定型化，如门窗、天花等都已基本定型。彩画以旋子彩画为主要类型，花纹构图较清代活泼。砖石雕刻吸取了宋以来的手法，花纹趋向于图案化、程式化。

明代家具享誉世界。由于明代海外贸易的发展，东南亚地区所产的花梨、紫檀等优良木材不断输入中国。这些热带硬木质地坚实、木纹美观、色泽光润，适于制成各种精致的家具，当时家具产地以苏州最著名。苏州的明代家具体形秀美简洁，雕饰线脚不多，构件断面细小，多作圆形；榫卯严密坚牢，能与造型和谐统一；油漆能发挥木材本身的纹理和色泽的美丽。直到清乾隆时广州家具兴起为止，这种明式家具一直是我国家具的代表。

1.5.3 清

清朝是由满族建立的最后一个封建王朝，封建专制比明朝更加严厉，资本主义萌芽受到抑制，在建筑上主要是继承明代的建筑成就。

造园艺术是清代的突出贡献，供统治阶级享乐的园林达到了极盛时期。清代帝王苑囿规模之大，数量之多，建筑量之巨，是任何朝代不能比拟的，如此时修建的畅春园和避暑山庄等，其中圆明园的规模最大。

宗教建筑兴盛，兴建了大批藏传佛教建筑。最为著名的有此时开始建造的西藏拉萨布达拉宫（图1-21），不仅是达赖喇嘛行政和居住的宫殿，也是一组最大的藏传佛教寺院建筑群，这座依山而建的高层建筑，表现了藏族建筑艺术的高超水平。

住宅建筑百花齐放，丰富多彩。由于居住条件、生活习惯、文化背景、建筑材料、构造方式、地理气候条件等的不同，形成了千变万化的民居建筑。藏族的碉楼式住宅，蒙古族的可移式轻骨架毡包住房，维吾尔族的平顶木架土坯房，朝鲜族的取暖地面房，以及其他少数民族的架空的干阑式住房和黄土高原地区的窑洞等。

在建筑技艺方面，较宋、明等朝代更加成熟、细腻。清代统一了官式建筑的模数和用料标准，简化了构造方法，提高了群体与装修设计水平。

图1-21　布达拉宫

第 2 章
中国古代建筑的特征

素质目标
- 从建筑基本特征中感悟中华民族的建造智慧，培养学生对中式建筑美学的感知能力；
- 从建筑构件的建筑技术、建筑材料、建筑详部演变中，培养学生工匠精神，体验传统建筑技术与艺术结合之美；
- 学会欣赏丰富多彩的建筑装饰，从建筑营造活动中，培养学生的传统建筑思想观念和人文精神。

中国的木构架建筑远在原始社会末期已经开始萌芽，经过奴隶社会到封建社会初期，由于社会需要和各族劳动人民的不断努力，累积了丰富的经验，逐步形成为一个独特的建筑体系。在漫长的封建社会里，从单体建筑、建筑组群到城市规划，创造了很多优秀的作品，反映着当时中国建筑在技术上和艺术上的成就，是中国古代文化乃至人类建筑宝库中的一份珍贵遗产。

伴随着中国古代建筑历史的发展，古代建筑形成了自己独特的特点，主要表现在木构架特征、单体建筑结构、组群布局、建筑装饰及建筑思想观念等方面。

2.1 巧妙而科学的木框架结构

中国古代的木构架建筑体系，在汉代已经基本形成，到唐代时趋于成熟。在其几千年的发展历程中，形成了自身鲜明的形式特征，在世界建筑体系中独树一帜。

2.1.1 木构架的结构方式

二维码2.1

中国古代建筑以木构架结构为主要的结构形式，从原始社会末期起，一脉相承，形成了独特的风格。木构架由横梁、立柱、顺檩等主要构件建造而成，各个构件之间以榫卯相连接，构成富有弹性的框架。中国古代木构架主要有三种方式：井干式、穿斗式、抬梁式。

① 井干式，是以圆木或方木四边重叠结构，如井字形。这是一种最原始而简单的结构，最早出现在原始社会时期，现在除山区林地之外，已很少见到（图2-1）。

② 穿斗式，是用柱子直接承托檩条，柱子之间用木枋相连，枋子不承重，称为"穿"。穿斗式木构架用料小，整体性强，柱子排列密，多在室内空间尺度不大时使用，较难建成大型殿阁楼台，我国南方民居和较小的殿堂楼阁多采用这种形式（图2-2）。

③ 抬梁式，即在柱上抬梁、梁上安短柱、柱上又抬梁的一种木结构方式。抬梁式木构架可通过采用跨度

较大的梁，减少柱子数量，从而取得较大的室内空间，加大建筑物的面阔和进深，多为大型宫殿、坛庙、寺观、王府、宅第等豪华壮丽建筑物所采取的主要结构形式（图2-3）。

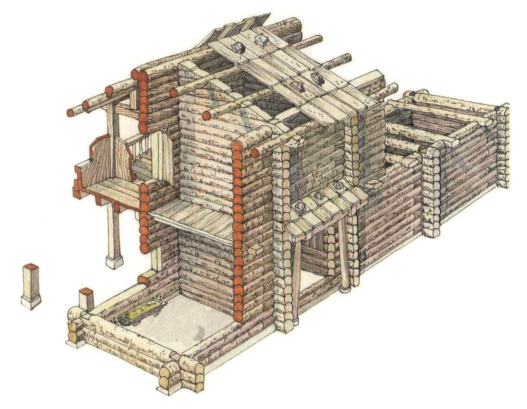

图2-1　井干式木构架示意图

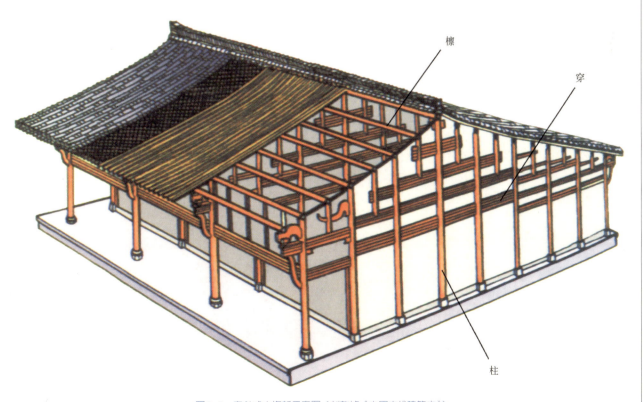

图2-2　穿斗式木构架示意图（刘敦桢《中国古代建筑史》）

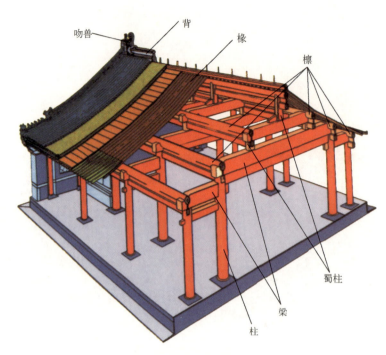

图2-3 抬梁式木构架示意图（刘敦桢《中国古代建筑史》）

2.1.2 木构架建筑的优缺点

木构架建筑长期广泛地被作为一种主流建筑类型加以使用，其优点如下：

（1）材料来源广泛

在自然界，木材的来源非常广泛，特别是在古代，大量茂密的森林树木为木构架建筑提供了取之不尽的原材料，同时木材还是一种可以再生的资源。

（2）木构架的抗震性能优异、适应性强

由于木构架采用榫卯构造连接方式，地震时能承受一定的变形压力，加上木材材料本身的柔韧性，能够最大限度地消减地震的破坏，使建筑能够完好保存下来。木构架建筑是由柱、梁、枋、檩、椽等构件形成框架来承重，墙壁只作间隔之用，并不承受上部屋顶的重量。因此房屋内部可较自由地分隔空间，门窗也可任意开设，使用的灵活性大，适应性强。

（3）高度定型化、便于施工

中国木构架从唐代以后就进入了成熟期，各种木构件的式样趋于定型化，木构架的很多组合构件可作为标准件分别加工，然后再进行组装。由于采用构件组装的方式，加上木材本身的重量较轻，利于施工过程中的起吊和安装，施工速度大大加快。

（4）便于加工和运输

木材是一种最容易加工和运输的建筑材料。一般的利器就可以进行砍伐和简单的加工，随着青铜工具，特别是铁制工具的使用，木材的加工水平得到了很大的提高。除了采用陆路运输外，木材还可以采用水路运输。

（5）利于迁移和维修

由于木构架体系是采用构件组合的形式进行装配式施工的，加上节点采用榫卯构造连接方式，所以木构架建筑体系的可拆卸性非常强，维修过程中受损木构件的替换也很容易。

由于木构架建筑所具有的上述优势，木构架建筑在很长一段时间内占据我国建筑的主流地位。但是，长期使用的木构架建筑也存在着一些缺陷。首先，木材越来越稀少。到宋代，建造宫殿所需的大木料已十分紧缺，明永乐时建造北京宫殿，不得不从西南和江南等地采办木材。其次，木构架建筑易遭火灾，各地城镇因火灾而烧毁大片房屋的记载不计其数。在南方，白蚁对木构架建筑还有严重威胁。木材受潮后易朽坏也是一大缺点。再次，无论是抬梁式还是穿斗式结构，都难以满足更大、更复杂的空间需求。森林的大量砍伐，木材的大量消耗，生态环境日益恶化，传统的木构架建筑最终成为一种被逐步取代的构筑方式。

2.2 独特的单体建筑特征

中国古代的宫殿、寺庙、住宅等都是由单体建筑集合配置成组群的，单体建筑无论规模大小，其外观轮廓均由屋顶、屋身、台基三部分组成。

二维码2.2

（1）屋顶

屋顶在单座建筑中占的比例很大，一般可达到立面高度的一半左右。屋顶常常形成曲线，由于其巨大的体量和柔和的曲线，屋顶成为中国建筑最突出的形象之一。建筑的等级风格，很大程度上可以从屋顶的体量、形式、色彩、装饰、质地上表现出来。中国古建筑的屋顶样式（图2-4）有多种：等级最高的是庑殿顶，只有帝王宫殿或敕建寺庙等才能使用；歇山顶等级次于庑殿顶，系前后左右四个坡面，在左右坡面上各有一个垂直面，故而交出九个脊，又称九脊殿，多用在建筑性质较为重要、体量较大的建筑上；等级再次之的屋顶有悬山顶和硬山顶；攒尖顶主要用于园林的亭榭建筑中。所有屋顶皆具有优美舒缓的屋面曲线，这种艺术性的曲线先陡急后缓曲，形成弧面，不仅受力比直坡面均匀，而且易于屋顶合理地排雨送雪。

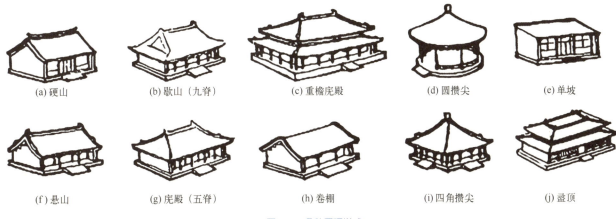

图2-4 几种屋顶样式

（2）屋身

屋顶与台基间立面的中部，称为屋身，主要由墙、窗、门、柱等构成。屋顶的撑力来自一排排的屋檩，而檩又在大梁上，梁再驾于柱上，这样层层传递，传递了顶盖的重力，即使墙体倒塌也不会影响到屋顶，因此我国古建筑有"墙倒屋不塌"之说。墙一般不承重，仅作围护和分隔空间之用，故较为空透，有一格格的棂花，既利于通风，又符合中国道家道法自然的韵味。

（3）台基

又称基座，系高出地面的建筑物底座，用以承托建筑物，并使其防潮、防腐，使单体建筑外观高大雄伟。古代官方对台基的使用有严格的规定，台基根据建筑物的级别而有所不同。台基主要有四种：

① 普通台基。用素土或灰土或碎砖三合土夯筑而成，高约一尺，常用于小式建筑。

② 较高级台基。较普通台基高，常在台基上边建汉白玉栏杆，用于大式建筑或宫殿建筑中的次要建筑。

③ 更高级台基。即须弥座，又名金刚座。"须弥"是古印度神话中的山名，相传位于世界中心，系宇宙间最高的山，日月星辰出没其间，三界诸天也依傍它层层建立。须弥座用作佛像或神龛的台基，用以显示佛的崇高伟大。中国古建筑采用须弥座表示建筑的级别。其一般用砖或石砌成，上有凹凸变化的线脚和纹饰。

④ 最高级台基。由几个须弥座相叠而成，从而使建筑物显得更为宏伟高大，常用于最高级建筑，如故宫三大殿和山东曲阜孔庙大成殿。

在柱子之上屋檐之下还有一种东方建筑所特有的构件——斗拱，它既可承托屋檐和屋内的梁与天花板，又具有强烈的装饰效果（图2-5）。

中国古代木结构建筑都以"间"作为计数单位。在建筑物的平面上，由四根柱子所组成的空间称为"间"；一间的宽度，叫面阔。如10根柱子就是面阔9间，6根柱子就是面阔5间。建筑物侧面间的深度叫进深。面阔间数越多，建筑物级别越高。为保持建筑物正中开门的特征，所以一般面阔间数为奇数。在间数中，往往以"九五"（面阔九间，进深五间）象征帝王之尊。9间和11间只能用于十分尊贵的建筑，如太和殿、含元殿（唐）等；5间、7间可用于普通的宫殿、庙宇、官署等；3间用于普通的民宅。

单体建筑的平面形式多为长方形、正方形、六角形、八角形、圆形。这些不同的平面形式，对构成建筑物单体的立面形象起着重要作用。

中国古代建筑以它优美柔和的轮廓和变化多样的形式引人注目，令人赞赏。但是这样的外形不是任意建造的，而是适应内部结构性能和实际用途需要而产生的。如那些亭亭如盖、飞檐翘角的大屋顶，既是为了满足排除雨水、遮阴纳凉的需要，也是为了适应内部结构条件而形成的。两千多年前的诗人们就曾经以"如翼斯飞"这样的诗句来描写大屋顶的形式，因而中国古建筑是实用性与美观性统一的佳例。

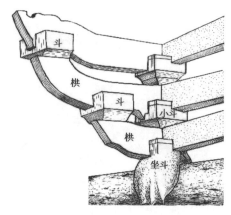

图2-5 斗拱示意图

2.3 庭院式组群布局

中国古代建筑以庭院式的群体组合见长。每一处住宅、宫殿、官衙、寺庙等建筑，都是由若干单体建筑和一些围廊、围墙等环绕成一个个庭院而组成的。多数庭院通过前院到达后院前后串联起来，是中国传统文化中"长幼有序，内外有别"思想观念的体现。北京故宫的组群布局（图2-6）和北方的四合院是最能体现这

图2-6 北京故宫对称式布局

一组群布局原则的典型实例。

平面布局基本有两种布局方式。一种是庄严雄伟，整齐对称。一般帝王的京都、皇宫、坛庙、陵寝，官府的衙署厅堂、王府、宅第，宗教的寺院、宫观以及祠堂、会馆等，大都是采取此种形式。其平面布局的特点是有一条明显的中轴线，在中轴线上布置主要的建筑物，在中轴线的两旁布置陪衬的建筑物。以北京的寺庙为例，在它的中轴线上最前有影壁或牌楼，然后是山门，山门以内有前殿、其后为大殿（或称大雄宝殿），再后为后殿及藏经楼等。在中轴线的两旁布置陪衬的建筑，整齐划一，两相对称，如山门的两边有旁门，大殿的两旁有配殿，其余殿楼的两旁有廊庑、配殿等。工匠们运用了烘云托月、绿叶托红花等手法，衬托出主要建筑的庄严雄伟。这类建筑，不论建筑物的多少、建筑群的大小，一般都采用此种布局手法。从一门一殿到两进、三进以至九重宫阙，庞大帝京的营建都是按照这样的规律。这种庄严雄伟、整齐对称、以陪衬为主的方式完全满足了统治者等对于礼敬崇高、庄严肃穆的需要，几千年来一直相传沿袭，并且逐步加以完善。

另一种是曲折变化，灵活多样。这种布局方式，不求整齐划一，不用左右对称，因地制宜，一般风景园林、民居房舍以及山村水镇等，大都采用这种形式。其布局的方法是按照山川形势、地理环境和自然条件等灵活布局。比如一些位于山脚河边的民居，迎江背山而建，并根据山势地形，层层上筑。这种布局原则，适应了我国不同自然条件下多民族不同文化特点、风俗习惯的需要。中国式的园林更是灵活布局，曲折变化的典范。山城、水乡的城市、村镇布局也根据自然形势、河流水网的情况，因地制宜布局，出现了许多既实用又美观的古城镇规划和建筑风貌。

2.4 多姿多彩的建筑装饰

中国古代建筑的色彩非常丰富，有的色调鲜明、对比强烈，有的色调和谐、纯朴淡雅，建筑师可根据不同需要和风俗习惯选择使用。但凡宫殿、坛庙、寺观等建筑物多使用对比强烈、色调鲜明的色彩，红墙黄瓦衬托着绿树蓝天，再加上檐下的金碧彩画，使整个古建筑显得分外绚丽。在表现中国古建筑艺术的特征中，琉璃瓦和彩画是很重要的两个方面。

琉璃瓦是一种非常坚固的建筑材料，防水性能强，皇家建筑和一些重要建筑大量使用了琉璃瓦。琉璃瓦的色泽明快，颜色丰富，有黄、绿、蓝、紫、黑、白、红等，一般黄、绿、蓝三色使用较多，并以黄色为最高贵，且只用在皇宫、社稷、坛庙等主要建筑上（图2-7）。在皇宫中，不是全部建筑都用黄色琉璃瓦，次要的建筑用绿色"剪边"（镶边）。在王府和寺观，一般是不能使用全黄琉璃瓦顶的。清朝雍正时，皇帝特准孔庙可以使用全部黄琉璃瓦，以表示对儒学的独尊。琉璃瓦件大约可分作四类：第一类是筒瓦、板瓦，是用来铺盖屋顶的。第二类是脊饰，即屋脊上的装饰，有大脊上的鸱尾、垂脊上的垂兽、戗脊上的走兽等（图2-8），走兽的数目根据建筑物的大小和等级而决定。明清时期规定，走兽的数目最多的是十一个，最少的是三个。它们的排列是：最前面为骑鹤仙人，然后为龙、凤、狮子、天马、海马、狻猊……第三类是琉璃砖，用来砌筑墙面和其他部位。第四类是琉璃贴面花饰，有各种不同的动植物和人物故事以及各种几何纹样的图案，装饰性很强。

图2-7　黄色琉璃瓦屋顶

图2-8　垂（戗）脊吻兽

屋顶彩画是中国古建筑中重要的艺术部分。例如古代重要建筑的室内室外彩画，特别是在屋檐之下的金碧红绿彩画，使这些部分的构件增强了色彩对比，同时使黄绿各色屋顶与下部朱红柱子门窗之间有一个转换与过渡，显得建筑更加辉煌绚丽（图2-9）。建筑彩画具有实用和美化的作用。实用是指可以保护木材和墙壁表面。我国古代使用一种椒房，即是在颜色涂料中加上椒粉，不仅可以保护壁面和梁柱，而且还可散发香气驱虫。美化作用是使房屋内外明快而美观。早期的彩画的图案是在建筑物上涂以颜色，并逐渐绘画各种动植物和图案花纹，后来逐步走向规格化和程式化，到明清时期完成了定制。明清时期的彩画主要分两大类：一类是完全成为图案化的彩画，分为和玺（以金色龙凤为主要题材）、金线大点金、墨线大点金、金琢墨、烟琢墨、雄黄玉、雅五墨等，它们都以用金多少和所用的主要题材来定其等次尊贵；另一类是后来才兴起的"苏式彩画"，它的特点是在梁柱上以大块面积画出包袱形的外廓，在包袱皮内绘各种山水、人物、花鸟鱼虫以及各种故事、戏剧题材。还有一些别出心裁的彩画，如故宫太和殿的柱子以贴金沥粉缠龙为饰，达到了金碧辉煌、登峰造极的地步。

朴素淡雅的色调在中国古建筑中占有重要的地位。如江南的民居和一些园林、寺观，洁白的粉墙、青灰瓦顶掩映在丛林翠竹、青山绿水之间，显得清新秀丽。北方山区民居的土墙、青瓦或石板瓦也都使人有恬静安适之感。甚至有一些皇家建筑也在着意追求这种朴素淡雅的山林趣味，清康熙、乾隆时期经营的承德避暑山庄就是一个突出的例子。

中国古建筑有着丰富的雕塑装饰。古建筑的雕塑一般分作两类。一类是在建筑物身上的，或雕刻在柱子、梁枋之上，或塑制在屋顶、梁头、柱子之上。题材有人物、神话故事、飞禽走兽、花鸟鱼虫等，龙凤题材更被广泛采用。雕塑的材料根据建筑物本身的用材而定，有木有石，有砖有瓦，有金有银，有铜有铁。另一类是在建筑物里面或两旁或前后的雕塑，它们大多是脱离建筑物而存在的，是建筑的保藏物或附属物。

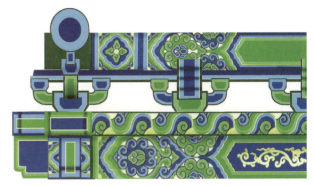

图2-9 建筑彩画

2.5 古建筑中的思想观念

中国古建筑在建筑与环境和协调方面有着很高的成就，有很多的精辟的理论与成功的经验。古人不仅考虑建筑物内部环境主次之间、相互之间的配合与协调，而且也注意到它们与大自然环境的协调，这主要受到了封建等级观念、家庭伦理观念、阴阳五行学说等思想的影响。

封建等级观念的影响主要体现在大型群体建筑的设计上，不同等级均有相应的建筑体例，不得僭越。我国古代的建筑等级就极为明确。先秦时城已分不同等级，《周礼·考工记·匠人》就将城分为三级：第一级王城，即王国都城；第二级诸侯城，即封国都城；第三级即宗师与士大夫采邑。这三级城制，在建筑上反映为各城规模的不同。另外，在贵族的住宅建筑上，等级制度也极为森严，包括建筑大小、高低、数量、装饰等都根据主人的级别而有不同的要求。如柱子的颜色，《礼记》就规定："天子丹，诸侯黝垩，大夫苍。"

家庭伦理观念对中国传统民居建筑的影响非常广泛，主要体现在"同姓聚居，家和为贵""尊卑有礼，男女有别""以堂为尊，崇祖敬宗"等观念上。中国传统的民居分布多聚居而居，以血缘为纽带，在平面布局上多是向平面展开的平房，并有若干个单体建筑构成庭院，而且用围墙合成一个向心力极强的家庭院落，这种建筑布局形式受到了"同姓聚居，家和为贵"观念的深刻影响。

中国古代建筑中有一种讲究阴阳五行的"堪舆"之学，其中虽然夹杂了不少封建迷信的东西，但剔去其糟粕，仍有不少可供借鉴之处，特别是其中讲地形、风向、水文、地质等部分，还是有参考价值的。中国古代建筑设计师和工匠们，在进行规划设计和施工的时候，都十分注意周围的环境，对周围的山川形势、地理特点、气候条件、林木植被等，都要认真进行调查研究，务使建筑的布局、形式、色调、体量等与周围的环境相适应。

总之，中国建筑是世界唯一以木结构为主的建筑体系，其历史悠久，是中国人的伦理观、审美观、价值观和自然观的深刻体现。基于深厚的文化传统，形成了中国建筑艺术的独特特点和丰富的建筑类型。

第 3 章
中国古代建筑的主要类型

> **素质目标**
> - 培养学生对不同建筑类型的审美欣赏能力,从建筑空间布局和规划秩序中感悟中国哲学思想和传统文化精神;
> - 鼓励学生为乡村振兴贡献力量,把中国农耕文明建筑遗产和现代文明要素结合起来,继承和创新传统乡土建筑,培养学生责任感和创新意识。

中国古代建筑的类型,主要包括都城建筑、宗教建筑、园林建筑、民居建筑和礼制建筑五大类。下面来了解一下各类建筑的发展历史及其特点。

3.1 庄严雄伟的都城建筑

中国传统建筑中的都城建设主要包括城市规划和宫殿建筑两个部分,它们代表着时代建筑技术和建筑艺术的最高水平。

我国的城市建设与城市规划是具有悠久历史传统的。当西方城市规划尚处于粗放阶段,我国早在公元前11世纪,就建立了一套较为完备的、富有华夏文化特色的城市规划体系,包括城市规划理论、建设体制、规划布局等。

3.1.1 城市规划

关于城市的定义,历史文献中有多种不同的解释。古代的"城"与"市"是两个不同的概念。城,多是指四面围以城墙、扼守交通要冲、具有防卫意义的军事据点。市,指的是商品交易的市场。随着城和市的发展与变化,它们才逐渐含有"城市"的意义。即城市是一个人口集中的地区,通常是周围地区的政治、经济、交通与文化的中心。

二维码 3.1

(1) 古代城市经历的四个阶段

中国古代城市有三个基本要素:统治机构(宫廷、官署)、手工业和商业区、居民区。各时期的城市形态也随这三者的发展而不断变化,其间大致可以分为四个阶段:

第一阶段是城市初生期,相当于原始社会晚期和夏、商、周三代。原始社会后期生产力的提高使社会贫富分化加剧，阶级对立开始出现，氏族间的暴力斗争促使以集体防御为目的的筑城活动兴盛起来。目前我国境内已发现的原始社会城址已有30余座。

第二阶段是里坊制确立期，相当于春秋至汉。封建制的建立，促成了中国历史上第一个城市发展高潮。城市规模的扩大、手工业商业的繁荣、人口的迅速增长产生了新的城市管理和布置模式——里坊制，即把全城分割为若干封闭的"里"作为居住区，商业与手工业则限制在一些定时开闭的"市"中，统治者们的宫殿、衙署占有全城最有利的地位，并用城墙保护起来。"里"和"市"都环以高墙，设里门与市门，由吏卒和市令管理，全城实行宵禁。

第三阶段是里坊制极盛期，相当于三国至唐。三国时的曹魏都城——邺城，平面呈长方形，宫殿位于城北居中，全城作棋盘式分割，居民与市场纳入这些棋盘格组成的"里"中。邺城开创了布局规则严整、功能分区明确的里坊制城市格局。

第四阶段是开放式街市期，即宋代以后的城市模式。在唐末一些城市开始突破里坊制，到北宋时期都城汴梁完全取消了夜禁和里坊制。于是在中国历史上沿用了1500多年的城市模式正式宣告消亡，取而代之的是开放式的城市布局。

（2）古代城市选址原则

中国古代城市选址原则可以概括为以下几个方面：

首先，选择合适的地理位置。一般是择中而居，地形上要求平坦、地势较高、靠近河流交汇处或河流弯曲的内侧，但又不能过于低洼。最好是东、西、南、北四面有山岭环抱，只有南面有水口（河流出口），呈北高南低的山间盆地（称为"聚"）。这种地形既利于军事防御，又能阻挡北方南下的寒流，从而达到藏风聚气的目的。其次，选择水陆交通要冲，解决水源及交通问题。再次，考虑可持续发展的因素，选择生活物资供应丰富的地方。从次，考虑自然景观及生态因素，选择生态环境优越的地方。最后，考虑设险防卫的需要，要符合"国必依山川"的原则。

（3）古代城市建设模式

中国古代都城建设的模式大致有三种类型：

第一类是新建城市。即原来没有基础，基本上是平地起城。这种情况主要在早期，如先秦时期许多诸侯城和王城。

第二类是依靠旧城建设新城。汉以后的都城较多采用这种办法，如西汉初年旁倚秦咸阳旧城，并利用部分旧离宫建造长安新城。这类都城又有两种情况：一种是新城建成后，旧城废弃不用，如隋大兴城；另一种是旧城继续使用，新城旧城长期共存，如元大都。

第三类是在旧城基础的扩建。如明初南京和北京，都属这一类型。其优点是能充分利用旧城的基础，为新都服务，投入少而收效快。

（4）古代城市规划布局

中国古代有两种城市形式：一种为方格网式规则布局，多为新建城市，受传统礼制思想的影响，其布局在《考工记》中有详细记载。这类城市实例较多，如北魏、隋、唐的洛阳，隋、唐的长安，元大都与明、清时的北京。另一种为较为自由的不规则布局，多为地形复杂或由旧城改建的城市，受地形或现状影响较大，如汉长安城。

（5）古代城市实例

① 曹魏邺城（图3-1）。曹操营造的邺城是我国历史上第一座轮廓方正规整、功能分区明确、具有南北轴线的都城。邺城平面为长方形，以东西向大街为横轴，分城为南北二部。北为宫殿范围，南为居民闾里和衙署，从南墙正中向北的大街正对朝会宫殿，与横轴丁字相交，是城市纵轴。宫殿部分遵循前朝后寝式布局。整个城市功能分区明确，统治阶级同一般居民严格分开。道路系统功能明确。邺城中轴线对称布局的手法对后世都城建筑有很大影响。

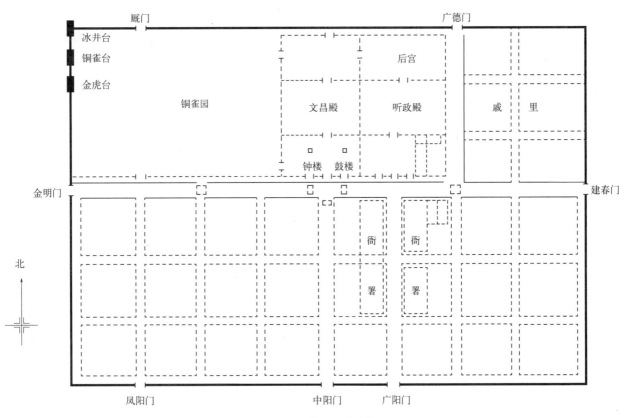

图3-1　曹魏邺城平面布局图

② 唐长安城（图3-2）。唐长安城是在隋大兴城基础上发展而来的，虽基本沿用了隋的城市布局，但主要宫殿向东北移至大明宫。外面是方正的城郭，内部是整齐的街道，总体特征是中轴线对称布局。

长安城采用严格的里坊制。市集中于东西两市，西市有许多外国"胡商"和各种行店，是国际贸易的集中点。东市则有120行商店和作坊。全城划分为108个坊，里坊大小不一，小坊约1里见方，和传统尺度相似；大坊则成倍于小坊。坊的四周筑高厚的坊墙，有的坊设2门，有的坊设4门。道路等级分明，层次清楚，以通达城门的大街为主干道，其他则为次级道路，最后才是通达诸街坊内的小路。道路最宽的达180m。唐长安城内的居民区为街坊形式，是封闭的里坊制。在城市街道网形成的方格里建造方形土墙，设坊门，一般居民住宅只向坊内开门，实行宵禁，城市街景比较单调，市场集中设置在城内指定的少数坊内。这样的布置便于管理，对社会治安有益。

③ 北宋汴梁。北宋都城汴梁（图3-3），位于华北平原与黄淮平原的交会处，处于大运河的中枢地带，城内由汴河、蔡河、金水河、五丈河4条水路贯通，所以水陆交通便利，手工业和商业都相当发达。由于河道的影响，汴梁城的平面并不是规则的方形，而是由宫城（宋称大内）、内城（里城）、外城（罗城）三城相套，呈"回"字形布局。汴梁最突出的特点是取消了宵禁和里坊制，由封闭的里坊制走向开放的街巷制，成为中

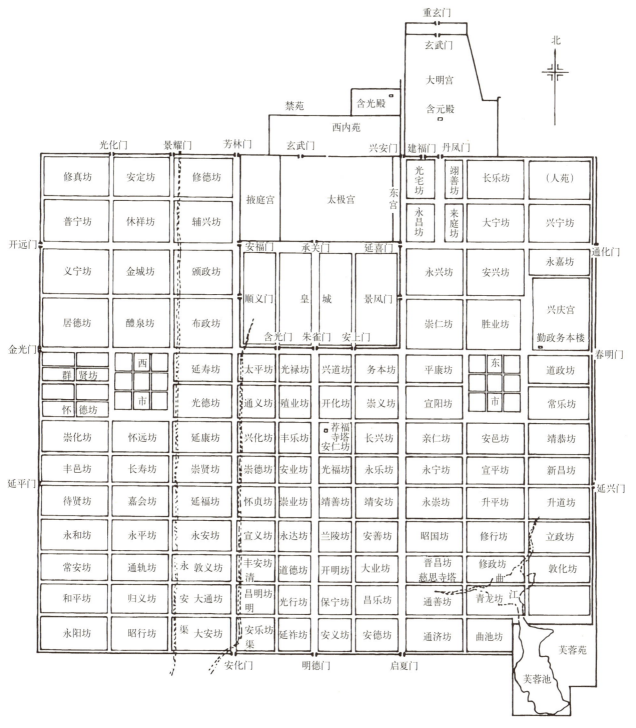

图3-2 唐长安城平面布局图

国古代城池建设的转折点。城池中出现了大量商店、酒肆、货栈、店铺，从宋代张择端的《清明上河图》中描绘的繁华景象就可以略见一斑。它彻底改变了城池内各个空间封闭、相互独立的状态，使各部分有机地联系和结合起来。

④ 明清北京城（图3-4）。北京城的基本轮廓由宫城、皇城、内城和外城构成。宫城即紫禁城，也就是今天北京明清的故宫，位于内城中部偏南地区，南北长960m，东西宽760m，面积0.72平方千米，为南北向的长方形。全城有一条全长约7.5km的中轴线贯穿南北，轴线以外城的南门永定门作为起点，经过内城

的南门正阳门、皇城的天安门、端门以及紫禁城的午门,然后穿过大小6座门7座殿,出神武门越过景山中峰和地安门而止于北端的鼓楼和钟楼。轴线两旁布置了天坛、先农坛、太庙和社稷坛等建筑群,体量宏伟,色彩鲜明,与一般市民的青灰瓦顶住房形成强烈的对比,从城市规划和建筑设计上强调封建帝王的权威和至尊无上的地位。

北京内外城的街道格局,以通向各个城门的最宽街道为全城的主干道,大都呈东西、南北向,斜街较少,但内、外城也有差别。外城先形成市区,后筑城墙,街巷密集,许多街道都不端直。通向各个城门的大街,也多以城门命名,如崇文门大街、长安大街、宣武门大街、西长安街、阜成门街、安定门大街、德胜门街等。

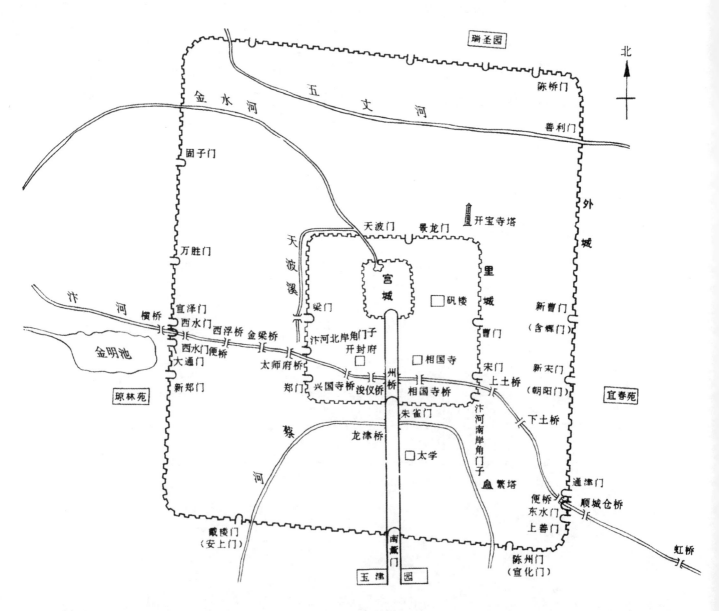

图3-3 北宋汴梁平面布局图

北京城市人口在明末已近百万,清代继续增加,超过一百万人。明清北京城,近乎完整地保存到现代,是我国人民在城市规划建筑方面的杰出创造,是我国古代城市优秀传统的集大成,也是中华悠久历史与灿烂文化的重要体现。

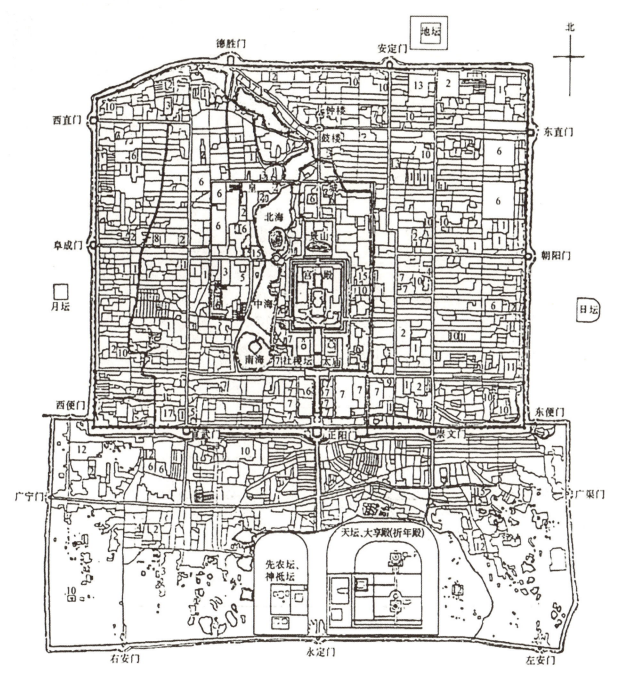

图3-4 清代北京城平面布局图

1—亲王府；2—佛寺；3—道观；4—清真寺；5—天主教堂；6—仓库；7—衙署；8—历代帝王庙；9—满洲堂子；10—官手工业局及作坊；11—贡院；12—八旗营房；13—文庙、学校；14—皇史宬(档案库)；15—马圈；16—牛圈；17—驯象所

3.1.2 宫殿建筑

"宫"在秦以前是中国居住建筑的通用名称，从王侯到平民的居所都可以称为宫；秦汉以后，成为皇帝生活起居之处的专用名称。"殿"原指大房屋，汉以后也成为帝王居所中重要建筑的专用名称，多指皇帝处理政务和举行典礼的地方。

二维码3.2

中国古代建筑艺术的精华是宫殿。几千年来，历代帝王们都不惜以大量人力、物力，在都城建造规模宏大、巍峨壮丽、金碧辉煌的宫殿，在精神上给人们造成一种无比威严的感觉，以巩固他们的政权。因此，宫殿建筑是我国古代建筑中规制最高、规模最大、艺术价值最高的建筑，是当时社会文化和建筑艺术的集大成者和最高体现。

（1）宫殿建筑的主题

"唯王是尊""君尊臣卑"是传统宫殿建筑的主题。在中国古代社会，君主是国家权力的独裁者，拥有至高无上的地位和尊严，是神圣不可侵犯的。唯王是尊，成为中国传统宫殿建筑的指导思想。宫殿建筑的建筑布局、空间处理和装饰陈设等方面（图3-5、图3-6），处处突出皇家气派，以显示君权的高贵至尊。

图3-5 太和殿内景

图3-6 垂脊兽

（2）宫殿建筑的布局特征

① 严格的中轴对称。为了表现君权受命于天和以皇权为核心的等级观念，宫殿建筑采取严格的中轴对称的布局方式（图3-7）。中轴线上的建筑高大华丽，轴线两侧的建筑低小简单，这种明显的反差，体现了皇权的至高无上；中轴线纵长深远，更显示了帝王宫殿的尊严华贵。

② 左祖右社，或称左庙右社。中国的礼制思想，有一个重要内容，则是崇敬祖先、提倡孝道，祭祀"土地神"和"粮食神"，祈求风调雨顺，国泰民安。所谓"左祖"，是在宫殿左前方设祖庙，祖庙是帝王祭祀祖先的地方，称太庙；所谓"右社"，是在宫殿右前方设社稷坛，社为土地，稷为粮食，社稷坛是帝王祭祀"土地神""粮食神"的地方。古代以左为上，所以左在前，右在后。

（3）宫殿建筑的外部陈设

宫殿建筑不仅在建筑布局上很讲究，而且宫殿外有很多陈设。这些陈设不仅造型奇特，而且被赋予深厚的寓意，具体如下。

① 华表。亦称恒表或表，常用于宫殿、宗庙等建筑物前，既体现了皇家的尊严，又给人以美的享受。立于皇宫或帝王陵园之前时，则作为皇家建筑的特殊标志。

② 日晷（图3-8）。是古代利用太阳的投影和地球自转的原理，借指针所产生的阴影的位置来表示时间。其含有统一时间的意义，象征国家统一。

③ 嘉量（图3-9）。是我国古代的标准量器，含有统一度量衡的意义，象征国家统一、江山永固。

④ 吉祥缸。古称"门海"，比喻缸中之水似海可以扑灭火灾，故誉为"吉祥缸"。

⑤ 鼎式香炉。古代一种礼器，举行大典时用来燃檀香和松枝。

⑥ 铜龟、铜鹤。用来象征长寿，庆贺享受天年。

（4）宫殿建筑的装饰设计

历代宫殿建筑在装饰上十分考究，力求华美高贵，富丽堂皇。在装饰上采用硕大的斗拱、金黄色的琉璃瓦铺顶、绚丽的彩花、高大的盘龙金柱、雕镂细腻的天花藻井、汉白玉台基、栏板以及脊上的垂脊兽，以显示宫殿的豪华富贵。

图3-7 故宫鸟瞰图

图3-8 日晷

图3-9 嘉量

3.2 匠心独运的礼制建筑

礼制建筑不同于宗教建筑，但与宗教建筑又有着密切的联系。"礼"为中国古代"六艺"之一，并集中反映了封建社会中的天人关系、阶级和等级关系、人伦关系、行为准则等，是上层建筑的重要组成部分，在维系封建统治中起着很大的作用。能够体现这一宗法礼制的建筑就称为礼制建筑。

礼制建筑起源早、延续久、形制尊、数量多、规模大、成就高，从建筑类型上，可以分为五个类别：坛、庙、宗祠；明堂；陵墓；朝、堂；阙、华表、牌坊等。

3.2.1 坛、庙、宗祠类建筑

（1）坛

"坛"，《说文解字》解释为"祭场"，原来是指在平坦的地面上用土堆筑的高台。在我国古代，坛的主要功能是用于祭祀，所以就有了"祭坛"。祭坛与史前人类在露天环境下祭拜"自然神"的活动密切相关，当时人们为了吸引"神明"的注意，使自己的祈望更好地达于"神明"，往往利用自然形成的土丘、高岗或山头等较高的地形来筑祭坛。例如，在辽宁凌源县城子山山顶发现的红山文化祭坛。

进入文明时代以后，大型祭坛的建造和使用逐渐被统治者所垄断。其所祭祀的对象，也逐渐集中在天、地、日、月、社稷、先农等几种最高的"自然神"和带有浓重的"自然神"色彩的高级神祇上。由人间最高的统治者来主祭自然界中最高的神祇，这就使祭坛建筑在古代祭祀建筑中占据了较高的地位与规格，拥有了一种不同的神圣与至上，而这种特性，又是除了宇宙以外的其他祭祀建筑所没有的。

祭祀建筑有着广义、狭义的分别。狭义的祭坛仅指祭坛的主体建筑，即或方形或圆形的祭台。而广义的祭坛则包括了主体建筑和各种附属性建筑。祭坛建筑艺术发展到最高潮的就是现存的北京天坛（图3-10）。天

图3-10
明清天坛遗址全景

坛是由圜丘、祈年殿（图3-11）、皇穹宇三组建筑物组成。与人间等级森严的现实相对应，封建时代的统治阶级也将"天地神祇"分出了不同的等级。作为祭祀建筑的祭坛也就在形制、规模、材料等诸多方面有了明显的高下之分。以明清时期所筑祭坛来看，"天帝"是最高的"神"，因而祭天之坛便设计为三层；社稷是国家的同义词，故而社稷坛也被做成三层；地坛为两层，日坛、月坛和先农坛都是一层。层数的多少，完全是依照"神格"而定的。

（2）庙

庙宇是中国古代祭祀建筑，在形式上要求严肃而整齐，大致可分为三种。

一是祭祀祖先的庙。中国古代帝王诸侯等奉祀祖先的建筑被称为宗庙。帝王的宗庙称太庙，是等级最高的建筑，庙制历代不同。贵族、显宦、世家大族奉祀祖先的建筑被称为家庙或宗祠，仿照太庙方位，设于宅第东侧，规模不一。

二是供奉圣贤的庙。最有名的是供奉孔丘的孔庙（图3-12）。孔丘被认为是儒家的祖先，汉朝以后历代帝王崇尚儒学。供奉三国时代名将关羽的庙被称为关帝庙，也称武庙。有的地方建造三义庙，合祭刘备、关羽、张飞。在浙江杭州和河南汤阴还有奉祀南宋民族英雄岳飞的"岳王庙"和"岳飞庙"。

图3-11　明清天坛祈年殿

图3-12　山东曲阜孔庙大成殿

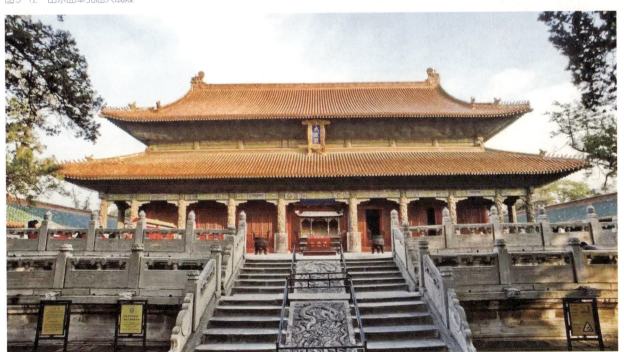

三是供奉山川、祭神的庙。中国古代崇拜天、地、山、川等自然物，设立寺院供奉。最有名的是供奉五岳——泰山、华山、恒山、衡山、嵩山的神殿，其中岱庙规模最大。另外，有很多源自各种宗教和民间习俗的祭祀建筑，例如城隍庙、土地庙、龙王庙、财神殿等。

（3）宗祠

宗祠，又称宗庙、祖祠、祠堂。它是供设祖先的神主牌位、举行祭祖活动的场所，又是从事家族宣传、执行族规家法、议事宴饮的地方（图3-13）。民间建造家族祠堂，可追溯到唐、五代时期。据清初《光泽县志》记载，各地大规模营造祠堂，则在明清两代。宗祠，一般分布于较重视儒家传统文化的地区，如福建、广东、广西、海南、安徽、江西、浙江等南方省份。

图3-13 安徽黄山鲍家祠堂

3.2.2 明堂

明堂（图3-14），作为最独特的礼制性建筑，是中国先秦时帝王会见诸侯、进行祭祀活动的场所。它原来是帝王宣明政教的地方，后来衍生成诸多礼制功能的综合体，即以宗教为中心，集宗教、政事、教化于一体的古代最高统治者的"大本营"。天子在这里祭祀"天帝"和祖先，在这里举行养老尊贤的典礼，颁布教化、发布政令，朝见四方诸侯。商周以后，明堂的职能渐渐发生分化，主要是天子祭天祀祖的地方。能在明堂与"天帝"一起共享祭祀的先祖，自然是最受后世尊崇的帝王，如西汉汉高祖。明堂一般以宫殿上圆下方，四周

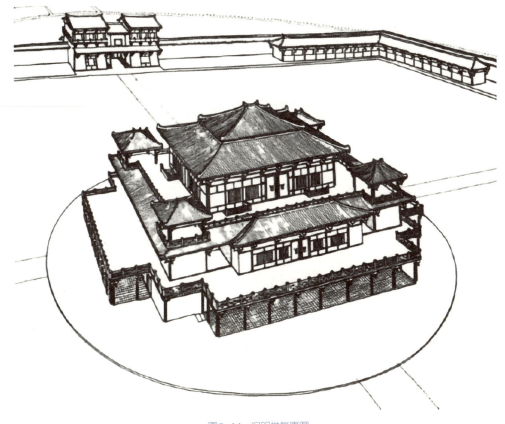

图3-14 汉明堂复原图

环水的建筑模式建造。历代所建明堂,以唐朝武则天在东都洛阳所建最为壮观,号称"万象神宫",是中国古代最宏伟的木结构建筑之一。

3.2.3 陵墓建筑

陵墓建筑是中国古代建筑的重要组成部分,中国古人基于"人死而灵魂不灭"的观念,普遍重视丧葬,因此,无论任何阶层对陵墓皆精心构筑。在漫长的历史进程中,中国陵墓建筑得到了长足的发展,产生了举世罕见的、庞大的古代帝、后墓群,且在历史演变过程中,陵墓建筑逐步与绘画、书法、雕刻等诸艺术门派融为一体,成为反映多种艺术成就的综合体。这些陵墓建筑,一般都是利用自然地形,靠山而建,也有少数建造在平原上。中国陵园的布局大都是四周筑墙,四面开门,四角建造角楼。陵前建有甬道,甬道两侧有石人、石兽雕像,陵园内松柏苍翠、树木森森,给人肃穆、宁静之感。

位于陕西省西安市骊山北麓的秦始皇陵是中国最著名的陵墓,建于2000多年前。被誉为"世界第八大奇迹"的秦始皇兵马俑,就是守卫这座陵墓的"部队"。秦始皇兵马俑气势恢宏、雕塑和制作工艺高超,于1987年被列入"世界遗产名录"。那些环绕在秦始皇陵墓周围的著名陶俑形态各异,连同他们的战马、战车和武器,都是现实主义的完美杰作,有极高的历史价值。

明朝皇帝的陵墓主要在北京的昌平,即十三陵,为明代定都北京后13位皇帝的陵墓群(图3-15)。明十三陵规模宏伟壮丽,景色苍秀,气势雄阔,是国内现存最集中、最完整的陵园建筑群。其中规模最宏伟的是长陵和定陵。经挖掘发现,定陵地宫的石拱结构坚实,四周排水设备良好,积水极少,石拱无一塌陷,这充分展示了中国古人建造地下建筑的高超技术。

图3-15 明十三陵全景图

3.2.4 朝、堂

朝（图3-16）是宫城中帝王进行政务活动和礼仪庆典的行政区，在于显示帝王的唯我独尊，皇权的统一天下及封建统治的江山永固，所以也泛指朝廷。堂（图3-17）是渗透在宅第中的礼制性空间，是传统宅第空间布局的核心和重点，家庭中的敬神祭祖、宾客相见、婚丧大典、节庆宴饮都在这里举行，即民居中的堂屋。

图3-16 清故宫朝廷

图3-17 江苏周庄沈厅松茂堂

3.2.5 阙、华表、牌坊

阙（图3-18），一方面起着标志的作用，用来标示建筑组群的隆重性质和等级名分；另一方面起着强化威仪的作用，其有效地渲染建筑组群入口和神道的壮观气势，唐宋以后演化成宫廷广场的礼制性门楼。我国古代阙以汉阙最为多见。

华表（图3-19）是古代宫殿、陵墓等大型建筑物前面做装饰用的巨大石柱，是一种中国传统的建筑形式。相传华表是部落时代的一种图腾标志，古称"桓表"，也称为神道柱、石望柱、表、标、碣等。相传尧时立木牌于交通要道，供人书写谏言，针砭时弊。远古的华表皆为木制，东汉时期开始使用石柱作华表，此时华表的作用已经消失，成为竖立在宫殿、桥梁、陵墓等前的大柱。华表通常由汉白玉雕成，华表的底座通常呈方形，是莲花座或须弥座，上面雕刻有龙的图案；蟠龙柱上雕刻一只蟠龙盘于柱上，饰有流云纹；上端横插一

图3-18 四川雅安高颐阙

图3-19 北京天安门前华表

云板，称为诽谤木；石柱顶上有一承露盘，呈圆形，因此对应天圆地方；上面的蹲兽为传说中的神兽朝天犼。华表作为标志性建筑已经成为中国的象征之一。

牌坊，是封建社会为表彰功勋、科第、德政以及忠孝节义所立的建筑物。也有一些宫观寺庙以牌坊作为山门的，这种牌坊又名牌楼，为门洞式纪念性建筑物，宣扬封建礼教，标榜功德。还有的是用来标明地名的（图3-20），比如建在城镇街道的起点、交叉点、桥的两端、商店的店头，成为建筑组群的前奏，营造庄严、肃静、深沉的气氛，衬托主体建筑，也可起到丰富街景和标志位置的作用。牌坊也是祠堂的附属建筑物，昭示家族先人的高尚美德和丰功伟绩，兼有祭祖的功能。

图3-20　安徽黄山西递牌楼

3.3　各具特色的民居建筑

民居是相对于宫殿而言的，泛指除皇室宫殿以外的民间居住建筑。它既包括贵族的府邸宅院，又包括庶民百姓的住宅。

民居建筑是最基本的建筑类型，其出现最早、分布最广、数量最多。民居建筑景观的形成和发展主要受自然因素及社会因素的影响，由于中国各地区的自然环境和人文情况不同，各地民居也展现出多样化的面貌。

3.3.1　北方四合院民居

我国汉族地区传统民居的主流是规整式住宅，以采取中轴对称方式布局的北京四合院（图3-21）为典型代表。

二维码3.3

北方地区属温带半湿润大陆性季风气候，冬寒少雪，春旱多风沙，因此，住宅设计注重保温防寒避风沙，外围砌砖墙，整个院落被房屋与墙体包围，采用硬山式屋顶，墙壁和屋顶都比较厚实。北京四合院布局特征是按南北轴线对称布置房屋和院落，坐北朝南，其院落分前后两院，居中的正房体制最为尊崇，是举行家庭礼仪、接见尊贵宾客的地方，各幢房屋朝向院内，以游廊相连接。大门一般开在东南角，门内建有影壁，外人看不到院内的活动。这类大院建筑气势威严、高大华贵、粗犷中不失细腻，庭院方阔，尺度合宜，宁静亲切，花木井然，是十分理想的居住生活空间，为华北、东北地区的民居的代表。

北京四合院的营建也是极讲究地理形势的，从择地、定位到确定每幢建筑的具体尺度，都要按地理形势

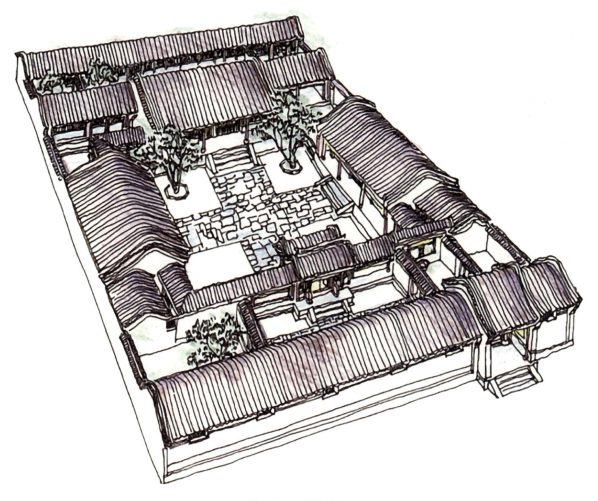

图3-21 北京四合院

理论来进行。地理形势理论实际是中国古代的建筑环境学，是中国传统人居建筑理论的重要组成部分，千百年来一直指导着中国古代的营造活动。

3.3.2 窑洞式民居

窑洞是中国西北黄土高原上居民的古老居住形式，这一"穴居式"民居的历史可以追溯到四千多年前。窑洞广泛分布于黄土高原地区。

中国人民创造性利用黄土壁立不倒的特性，水平挖掘出拱形窑洞，创造了被称为绿色建筑的窑洞建筑（图3-22）。这种窑洞节省建筑材料，施工技术简单，冬暖夏凉，经济适用。窑洞是黄土高原的产物，它沉积了古老的黄土地深层文化。

窑洞一般有靠山式窑洞、下沉式窑洞、地坑窑等形式，其中靠山式窑洞应用较多。地坑窑（图3-23），也称平井窑，是在平坦的岗地上凿掘方形或长方形平面的方坑，沿着坑面开凿窑洞，以各种形式的阶梯通至地面，或掘隧道与附近天然崖面相通。地坑内可单门独户，也可以数家同院，还可以地坑相连，供二三十户人家居住。

窑洞式住宅的结构以拱券为主，由于内部空间的封闭，所以主要装饰集中在门窗与墙面，以门画、窗花、门帘、炕围等贴花和绣花的形式出现。

图3-22 窑洞

图3-23 地坑窑

3.3.3 徽派民居

徽派建筑是流行于安徽附近的一种古建筑风格（图3-24）。青瓦、白墙是徽派建筑的突出标志。错落有致的马头墙不仅有造型之美，还有防火、阻断火灾蔓延的实用功能。徽派建筑选址非常重要，需符合天时、地利、人和皆备的条件。村落多建在山之阳，依山傍水或引水入村，和山光水色融成一片。住宅多面临街巷，整个村落给人幽静、典雅、古朴的感觉。

徽派民居布局结构紧凑、自由、屋宇相连，平面沿轴向对称布置。以高深的天井为中心形成内向合院，四周高墙围护，外面几乎看不到瓦，唯以狭长的天井采光、通风与外界沟通。以天井为中心，高墙封闭为基本形式。雨天落下的雨水从四面屋顶流入天井，俗称"四水归堂"（图3-25）。

徽派民居以四水归堂的天井为单元，组成全户活动中心。天井少则2～3个，多则10多个，最多的达36个。一般民居为三开间，较大住宅亦有五开间。随时间推移和人口的增长，单元还可增添，符合徽州人几代同堂的习俗。

徽派建筑内部穿斗式木构架围以高墙，正面多用水平形高墙封闭起来，两侧山墙做阶梯形的马头墙（图3-26），高低起伏，错落有致，黑白辉映，增加了空间的层次和韵律美。民居前后或侧旁，设有庭园，

图3-24 徽派建筑典型村落——宏村

置石桌石凳,掘水井鱼池,植果木花卉,甚至叠山造泉,将人和自然融为一体。大门上几乎都建门罩或门楼,砖雕精致,成为徽州民居的一个重要特征。

图3-25 四水归堂

图3-26 马头墙

3.3.4 江南水乡民居

江南水乡民居（图3-27）是指长江下游的苏州、杭州、湖州等地的居民住宅，始于7000年前的河姆渡文化时期，盛于明清时期，现存主要就是明清时期的宅院。

江南水乡民居结合当地有利的地质和气候条件，同时也为了适应商贸生活和水上交通的需要，其布局极讲究对有限空间的巧妙利用，形成了临水面街、小桥深巷的特点。总体建筑上着意于营造乡村外景，小桥是水乡民居的重要组成部分，跨河而筑的小桥，或被居所团团簇拥，或倚两岸住宅之墙而筑，或直通住宅大门，造型上或宛如飞虹，或曲如小径，或直如横木，重重叠叠，虚实相映，独具韵味。

苏派民居以南向为主，这样可以冬季背风朝阳，夏季迎风纳凉，充满了江南水乡古老文化的韵味。脊角高翘的屋顶，加上走马楼、砖雕门楼、明瓦窗、过街楼等，粉墙黛瓦、轻巧简洁、古朴典雅，体现出清、淡、雅、素的艺术特色，整个装饰和环境协调统一，使环境达到完善、优美的境界。

图3-27 江南水乡的民居

3.3.5 巴蜀民居

巴蜀文化博大精深，川渝古村民居既有浪漫奔放的艺术风格，又蕴藏着丰富的想象力。依山傍水的建筑与当地的少数民族风俗紧密联系在一起，有着十分独特的文化气息，既有豪迈大气的一面，又有轻巧雅致的一面。如土家族、苗族的居民便因地制宜，建造吊脚楼，民居前部地面悬空支起，后面落地。也由于这些地区树木多，民居建造中大量使用木材，所以吊脚楼（图3-28）成为一道奇特的景观。

3.3.6 岭南民居

岭南民系的复杂性和岭南文化的多元性，造就了岭南民居鲜明的地方特色和个性特征，蕴涵着丰富的文化内涵。由于岭南气候炎热，风雨常至，这里的民居形成小天井大进深、布局紧凑的平面形式，既可以防风雨，又可以通风散热。除了注重其实用功能外，也注重其自身的空间形式、艺术风格、民族传统以及与周围环境的协调。岭南民居由于民系众多，历史悠久，对外交流频繁，形成了千姿百态的民居形式，有城镇型民居，有潮汕式民居，有客家土楼民居，有侨乡碉楼民居等。

福建、江西、广东一带最有特色的建筑是土楼，土楼的形成与防御有着密切的关系。客家人是从东晋时期由黄河中游一带逐步南迁到现在的江西、福建、广东诸省。为了防御，客家人住宅以聚族而居为主要形式，由单家小屋建成连居大屋，进而建成多层高楼。福建永定客家土楼（图3-29），堪称客家住宅的典型，有方形土楼和圆形土楼等多种形式。方形土楼采取左右对称的布局方法和前低后高的外观，而且大多选前低后高的地势。它的外观正面采取对称方式，侧面却成为高低错落的不对称形状。而圆形土楼（图3-30）外高内低，楼内有楼，环环相套，最具特色，其通风采光、抗台风地震、防卫功能都比方楼好。

3.3.7 湘黔滇民居

湘黔滇地区的建筑形式丰富多彩，保留着鲜明的地域特征与不同的民族特色。在各民族居住地区，更多地保持着下部架空的干栏式住宅，既适应炎热多雨的气候，又可防止毒虫野兽的侵袭。城镇中多带有楼房的大型组群建筑，乡村多自由灵活的小型建筑，如云南傣族的竹楼（图3-31）、侗族村寨中的鼓楼等（图3-32）。

图3-28 吊脚楼

图3-29 福建永定客家土楼

图3-30 圆形土楼俯视图

图3-31 傣族竹楼

图3-32　侗族鼓楼

3.3.8　阿以旺式民居

　　阿以旺是新疆维吾尔族民居的传统建筑形式，以阿以旺厅而得名。"阿以旺"是维吾尔语，意为"明亮的处所"，主要分布在新疆和田地区，为土坯平顶住宅，将木梁、密肋相结合构成屋顶（图3-33）。住宅一般分前后院，后院是饲养牲畜和积肥的场地，前院为生活起居的主要空间。

图3-33
新疆阿以旺民居

所谓"阿以旺"即是一种带有天窗的夏室（大厅）。这种房屋连成一片，庭院在四周。带天窗的前室称阿以旺，又称"夏室"，有起居、会客等多种用途。后室称"冬室"，是卧室，通常不开窗。住宅的平面布局灵活，室内设多处壁龛，墙面大量使用石膏雕饰。普通人家室内装饰比较简单。维吾尔族人习惯家具少，但每家墙上都挂着美丽的壁毯作装饰。院中引进渠水，栽植葡萄、杏等水果。

维吾尔族其室内装修，如拱廊、墙面、壁龛、密肋、天花等处雕饰精致（图3-34）。除大片铺设的华丽地毯外，周围墙壁以花草图样装饰，整体感觉富丽堂皇。

图3-34 阿以旺民居外部装饰

3.4 包罗万象的宗教建筑

宗教建筑是人们举行宗教仪式的主要场所，它往往随着宗教形式和内容的发展、变化而不断演变。

3.4.1 佛教建筑

佛教是中国延续时间较长和传播地域最广的宗教，它不但对我国古代社会文化和思想的发展带来了深远影响，也留下了丰富的建筑和艺术遗产。佛教建筑大概分为寺院建筑、佛塔建筑和石窟寺建筑三类。

（1）寺院建筑

寺院建筑，起源于印度的寺庙建筑，大约在东汉初期传入我国，到北魏以后达于兴盛，并逐渐形成了自己独特的特点。

中国古代佛教寺院的布局大多是正面中路为山门，山门内左右分别为钟楼、鼓楼；正面是天王殿，殿内有四大金刚塑像；后面依次为大雄宝殿和藏经楼；僧房、斋堂则分列正中路左右两侧。隋唐以前的佛教寺院，一般在寺院前或宅院中心造塔；隋唐以后，佛殿普遍代替了佛塔，寺院内大都另辟塔院。寺院建筑布局的基本规律是：平面方形，以山门、天王殿、大雄宝殿、本寺主供菩萨殿、法堂、藏经楼这条南北纵深轴线来组织空间，对称稳重且整饬严谨。沿着这条中轴线，前后建筑起承转合，宛若一曲前呼后应、气韵生动的乐章。中国寺院建筑之美就响应在群山、松柏、流水、殿落与亭廊的相互呼应之间，含蓄温蕴，展示出组合变幻所赋予的和谐宁静。山西五台山南禅寺和五台山佛光寺是寺院建筑中的经典。

① 南禅寺大殿（图3-35）。南禅寺大殿位于山西省五台县李家庄南禅寺。始建年代不详，重建于唐建中三年，是中国现存最早的木结构建筑。

南禅寺大殿面阔、进深各3间，平面近方形，单檐歇山灰色筒板瓦顶。屋顶鸱尾秀拔，举折平缓，出檐深远。殿内无柱，有泥塑佛像17尊，安置在凹形的砖砌佛坛上。佛坛上后部正中为释迦牟尼塑像，庄严肃穆，总高近4m，是现存唐代塑像的杰出作品。南禅寺大殿虽然很小，但人们仍可以从中感受到大唐建筑的艺术风格。舒缓的屋顶，雄大疏朗的斗拱，简洁明朗的构图，力学与美学有机结合，体现出一种雍容大度、气度不凡的格调。

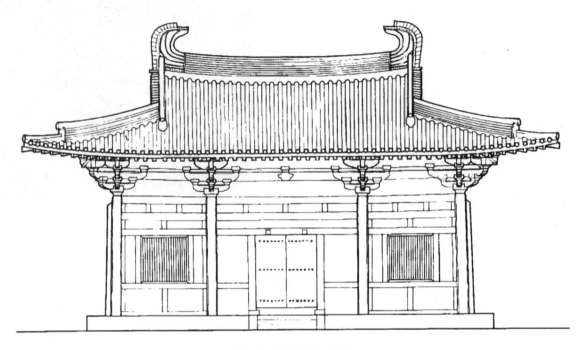

图3-35　南禅寺大殿立面图

② 佛光寺大殿（图3-36）。佛光寺大殿始建于北魏孝文帝时期，为五台山佛光寺的主体建筑。佛光寺大殿面阔7间，进深4间，面积677m²。屋顶为单檐庑殿，屋坡舒缓大度，檐下有雄大而疏朗的斗拱，展示出大唐建筑气魄宏伟，严整而又开朗的艺术风采。大殿的空间构成也很有特点，平面柱网由内、外两圈柱组

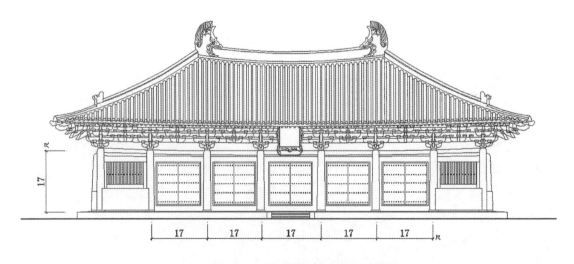

山西五台山佛光寺大殿立面图

图3-36　佛光寺大殿

成，这种形式在宋代《营造法式》中称为殿堂结构中的"金厢斗底槽"。柱高与开间的比例略呈方形，斗拱高度约为柱高的1/2。粗壮的柱身、宏大的斗拱再加上深远的出檐，都给人以雄健有力的感觉。佛光寺大殿是我国现存古建筑中斗拱挑出层数最多、距离最远的一个实例，也是我国集唐代建筑、彩塑、壁画、题记、经幢于一殿的孤例。佛光寺大殿是我国现存最大的唐代木建筑，为全国重点文物保护单位。

（2）佛塔建筑

佛塔是我国佛教建筑的一个重要组成部分。我国幅员辽阔，不同地区具有不同的地域文化特点，因此便派生出了各种不同风格、不同式样的佛塔。塔的基本结构一般由地宫、塔基、塔身、塔顶和塔刹组成，塔基有四方形、圆形、多角形。塔身以阶梯层层向上垒筑，逐渐收拢。塔的平面以方形、八角形为多，也有六角形、十二角形、圆形等形状。塔有实心、空心，单塔、双塔，层数一般为单数。

现存的佛塔种类繁多，按照建筑材质还可以分为木塔、砖塔、石塔、铜塔、铁塔和琉璃塔；从建筑形态上，可以分为楼阁式塔、密檐式塔、喇嘛塔、金刚宝座塔、花塔等。嵩岳寺塔和应县木塔是佛塔建筑中的代表。

① 嵩岳寺塔（图3-37）。嵩岳寺塔，位于登封市。塔通高37m，共15层，平面呈十二边形，由基台、塔身、15层叠涩砖檐和塔刹组成。塔身分上、下两部分，上部东、西、南、北四面各辟一券门通向塔心室；下部上下垂直，外壁没有任何装饰。塔身之上是15层的叠涩砖檐，自下而上逐层内收，构成柔和的抛物线。塔刹由基座、覆莲、须弥座、仰莲、相轮、宝珠等组成，塔下有地宫。嵩岳寺塔是中国现存最早的密檐式砖塔，反映了中外建筑文化交流融合创新的历程，在结构、造型等方面具有很大价值，对后世砖塔建筑影响巨大。

② 应县木塔（图3-38）。山西应县木塔本名佛宫寺释迦塔，位于山西省应县城内西北佛宫寺内。因其全部为木结构，遂称为应县木塔。塔高67.31m，是我国现存唯一的纯木构大塔。其造型雄伟，结构

图3-37　嵩岳寺塔

图3-38　应县木塔

严谨，塔内的木结构柱梁斗拱，纵横参差，不用一钉。

应县木塔建于辽代，位于佛宫寺的前部中心位置上，是寺内的主要建筑。木塔修建在一个4m的石砌高台之上，上层台基和月台角石上雕有伏狮，风格古朴，是辽代遗物。台基上建木构塔身，外观五层，内部一到四层，每层有暗层，实为九层。塔的底层平面呈八角形，直径30.27m，底层重檐，并有附阶。塔的第一层南面辟门，迎面有一高约10m的释迦牟尼像，顶部有精美华丽的藻井，内槽墙壁上有6幅如来佛像。门洞两壁绘有金刚、天王等壁画，门额壁板上绘有三幅女供养人像。第一层的西南面有木制楼梯，自第二层以上，八面凌空，豁然开朗，门户洞开，塔内外景色通连。每层塔外，均有宽广的平座和栏杆。百年来，木塔经受过多次强烈地震考验，依然屹然不动，展现出较强的抗震能力，反映出我国古代木构建筑技术的高超。

（3）石窟寺建筑

石窟寺是最古老的佛教建筑，一般是开凿岩窟成一长方形，在入口的地方有门窗。石窟中间是僧侣集会的地方，两边是住房。后来发展成为两种形式：一种叫作"礼拜窟"，另一种叫作"禅窟"。礼拜窟多为就着山势开凿的寺院建筑，有作前后两室的，也有单独一室的，其入口处有门，上面开窗采光，其平面有马蹄形的、有方形的，在里面石壁或石柱上雕造有佛像或绘制佛教故事壁画。禅窟多为依山岩凿成的石室。

中国的石窟起初是仿印度石窟的制度开凿的，多建在中国北方的黄河流域。中国最早凿建石窟寺的是今新疆地区，有可能始于东汉，十六国和南北朝时经由甘肃到达中原。从北魏至隋唐，是凿窟的鼎盛时期，尤其是在唐朝时期修筑了许多大石窟，唐代以后逐渐减少。甘肃敦煌莫高窟、甘肃天水麦积山石窟、山西大同云冈石窟和河南洛阳龙门石窟就是这段时期开凿的中国四大石窟。

3.4.2 道教建筑

道教建筑遵循的是中国传统的宫殿、祠庙体制，一般为中轴线布局，以殿堂楼阁为主，不建塔和经幢。平面组合布局有均衡对称式建筑和五行八卦式建筑两种形式。均衡对称式建筑是按中轴线前后递进、左右均衡对称展开的传统建筑手法，以北京白云观为代表。五行八卦式建筑是按五行八卦方位确定主要建筑位置，然后再围绕八卦方位放射展开的建筑手法，以江西省三清山丹鼎派建筑为代表。八宝图、福寿双全图，这些源自道教思想和故事的图案都远远越出了道教的范围，深入到千家万户的各类建筑构件和日常器具中。

3.5 意境深远的园林建筑

3.5.1 园林建筑的发展

中国是世界上最早进行造园活动的国家之一。从整个造园过程来看，中国古典园林经历了一系列的发展。

① 商代至汉代，此时主要以帝王和贵族兴建用于狩猎的苑囿为主，规模和占地都很大。秦、汉时期已经出现了人工挖池、堆造假山的设计加工活动。

二维码 3.4

② 魏、晋、南北朝是中国古典园林的形成期，也是中国古典园林发展的转折阶段，对自然美的挖掘和追求是这一时期造园艺术发展的推动力，从此奠定了自然山水式园林的基础。苑囿的占地面积逐渐缩小了，将狩猎等内容排除在外，突出了园林的艺术观赏价值。

③ 隋、唐、五代是中国古典园林全面发展的时期。这一时期的园林，已不是纯粹地模仿自然，而且讲究园林本身的形式了。山水画、山水诗、山水散文的发展，推动了山水园林的发展，使园林建设也开始注重诗情画意的意蕴。堑山引水、穿池筑山，已成为熟练的造园技巧。

④ 宋元时期，中国古典园林的发展首次进入高潮期，造园活动已经相当普及，造型秀丽多样是此时园林建筑的特色。大批文人画家参与造园，进一步加强了写意园林的创作意境。

⑤ 明清两代，中国古典园林的建设再次达到高潮，皇家苑囿和私人园林的数量、规模都大大超越前代，特别在绘画、诗文影响下，在意境设计、气氛渲染上有着不少值得重视的创造。明清园林重在求"意"，更加注重人与园或人与自然的内在关系。这一时期兴建的众多皇家园林和私家园林为我国留下了宝贵的园林建筑遗产。

3.5.2 皇家园林

我国的园林建筑突出代表有皇家园林和私人园林两类。

皇家园林中一些是帝王的离宫别苑，供休息、游玩之用，有的还有处理政务的功能。比如规模浩大、面积广阔、建筑恢宏、金碧辉煌、尽显帝王气派的颐和园，建筑风格多姿多彩的圆明园。从现存的皇家园林来看，北京颐和园（图3-39）保存得最为完整，也最为典型。

图3-39　颐和园

颐和园坐落在北京西北部，方圆8公里，占地4350亩，规模宏伟，景色秀丽。颐和园主体由万寿山和昆明湖组成，山居北，横向，高60m；湖居南，呈北宽南窄的三角形。全园可分为宫殿区、前山前湖区、西湖区和后山后湖区四大景区。各种形式的宫殿园林建筑3000余间，大致可分为行政、生活、游览三个部分。

以仁寿殿为中心的行政区，是当年慈禧太后和光绪皇帝坐朝听政，会见外宾的地方。仁寿殿后是三座大型四合院——乐寿堂、玉澜堂和宜芸馆，分别为慈禧、光绪和后妃们居住的地方。宜芸馆东侧的德和园大戏楼是清代三大戏楼之一。

颐和园自万寿山顶的智慧海向下，由佛香阁、德辉殿、排云殿、排云门、云辉玉宇坊构成了一条层次分明的中轴线。山下是一条长700多米的"长廊"，长廊枋梁上有彩画8000多幅，号称"世界第一廊"。长廊之前是昆明湖。昆明湖的西堤是仿照西湖的苏堤建造的。

颐和园汇集了中国传统园林建筑艺术的精华，整个园林突出表现为以下特点：

① 以水取胜。水域面积占全园的四分之三，主要建筑和风景点面临昆明湖，或是俯览湖面。

② 对比鲜明。前山建筑壮丽，金碧辉煌；后山建筑隐蔽，风景幽静；昆明湖浩荡壮阔；苏州街怡静精巧；东宫门内建筑密集；西堤和堤西区景物错落有致。强烈的反差，更添情趣。

③ 借景手法。设计者不仅考虑了园内景物的相互配合借用，而且充分地利用周围的景色，使西山的峰峦、西堤的烟柳、玉泉山的塔影等，恍如园中的景物。这种园内、园外均有景色的巧妙手法，给人一种园林范围更加扩大的感受。

④ 园中有园。在万寿山东麓一处地势较低、聚水成池的地方，依照无锡惠山园，建造了谐趣园。它以水池为中心，配以堂、轩、亭榭、楼阁、游廊、小桥，自具独立的格局，成了园中之园。清雅幽静的特点，与东宫门内密集的宫殿建筑群形成了鲜明的对比，给人焕然一新之感。

⑤ 集景摹写。园中汇集了全国许多名胜景观，但又不是生硬仿造，而是别具神韵，如谐趣园仿自惠山园，西堤六桥仿自杭州西湖苏堤，涵虚堂、景明楼仿自黄鹤楼、岳阳楼，苏州街仿自苏州市街等，但又有很大的差异。

3.5.3 私家园林

私家园林又称宅第园，是供皇家的宗室外戚、王公官吏、富商大贾等休闲的园林。其布局方式灵活，擅长以小见大，造园手法细腻，有玲珑精致、淡雅幽静的特点，意境多表现文人士大夫怡情自然山水的情绪。著名的私家园林有拙政园、留园、网师园、个园等。

拙政园位于苏州市东北隅，是目前苏州最大的古园林、我国四大名园之一。始建于明代，为明代御史王献臣弃官回乡后，在唐代陆龟蒙宅地和元代大弘寺旧址处拓建而成。取自晋代文学家潘岳《闲居赋》中的句子，将此园命名为拙政园。王献臣在建园之期，曾请吴门画派的代表人物文徵明为其设计蓝图，形成以水为主，疏朗平淡，近乎自然风景的园林。现存园貌多为清末时所形成。

拙政园布局主题以水为中心，占地62亩，池水面积约占总面积的1/5，各种亭台轩榭多临水而筑。全园分东、中、西三个部分，中园是其主体和精华所在。远香堂是中园的主体建筑，其他一切景点均围绕远香堂而建。堂南筑有黄石假山，山上配植林木。堂北临水，水池中以土石垒成东西两山，两山之间，连以溪桥。西山上有雪香云蔚亭，东山上有待霜亭，形成对景。由雪香云蔚亭下山，可到园西南部的荷风四面亭，由此亭经柳荫路向西去，可以北登见山楼，往南可至倚玉轩，向西则入别有洞天。远香堂东有绿漪堂、梧竹幽居、绣绮亭、枇杷园、海棠春坞、玲珑馆等处。堂西则有小飞虹（图3-40）、小沧浪等处。小沧浪北是旱船香洲，香洲西南乃玉兰堂。进入别有洞天门即可到达西园。西园的主体建筑是十八曼陀罗花馆和三十六鸳鸯馆（图3-41）。两馆共一

图3-40
拙政园"小飞虹"廊桥

图3-41
拙政园三十六鸳鸯馆

厅，内部一分为二，北厅原是园主宴会、听戏、顾曲之处，在笙箫管笛之中观鸳鸯戏水，是以"鸳鸯馆"名之。南厅植有观宝朱山茶花，即曼陀罗花，故称之为曼陀罗花馆。馆之东有六角形宜雨亭，南有八角形塔影亭。塔影亭往北可到留听阁。西园北半部还有浮翠阁、笠亭、与谁同坐轩、倒影楼等景点。拙政园东部原为归去来堂，后废弃。

拙政园的特点是园林的分割和布局非常巧妙，把有限的空间进行分割，充分采用了借景和对景等造园艺术，因此拙政园的美在不言之中。近年来，拙政园充分挖掘传统文化内涵，推出自己的特色花卉。每年春夏两季举办杜鹃花节和荷花节，花姿烂漫，清香远溢，使素雅幽静的古典园林充满了勃勃生机。拙政园西部的盆景园和中部的雅石斋分别展示了苏派盆景与中华奇石，雅俗共赏，陶冶情操。

3.5.4　园林建筑的特点

中国园林建筑数量特别多，且多据主景或控制地位，常居于全园的艺术造园中心，且往往成为该园之标志。中国的园林建筑和其他各类建筑是区别对待的，园林建筑所遵循的基本原则是：本于自然，高于自然，力图把人工美与自然美相结合。然而这些原则、特征却并不见于其他类型的建筑。与其他类型建筑相比，园林建筑的特点主要有三个方面：

① 所抒发的情趣不同。其他类型的建筑如宫殿、寺院、陵墓、民居等，基于不同的要求或宏伟博大，或庄严肃穆，或亲切宁静，但一般都不追求如诗似画一般的意境。园林建筑则不然，从一开始便与诗画结下不解之缘，并在诗人、画家的苦心经营下达到了极高的艺术境界。所谓寓情于景，情景交融，触景生情，诗情画意等对园林意境的描绘，都说明园林建筑确实不同于一般建筑，如同凝聚了诗和画，具有极其强烈的艺术感染力。

② 构图的原则不同。其他类型的建筑，一般多以轴线为引导而取左右对称的布局形式，从而形成一进又一进的空间院落。这样的构图形式虽然具有明确的统一性，但毕竟流于程式化，其结果必然是大同小异，缺乏应有的生气和活力。园林建筑则不然，它所强调的是有法式而无定式，即不为任何清规戒律所羁绊。在这种思想的指导下，一般建筑构图所特有的那种明晰性和条理性在园林建筑中却很少体现。而回环曲折、参差落差、忽而洞开、忽而幽闭的手法则常可赋予园林建筑以无限的变化。

③ 对待自然环境的态度不同。一般的宫殿建筑、寺院建筑，乃至民居建筑，由于受程式化的影响，多数采用内向的布局形式，这种布局虽可形成许多空间院落，但由于建筑物均背向外而面朝内，加之又以高墙相围，因而对外围的环境基本上采取不予理会的态度。这样的内院有时虽然也种有花草树木，但仅起调节与点缀作用，不能改变以建筑围成的人工空间的本来面貌。园林建筑则不然，力求自然美，对于环境的选择极为重视。

第二篇
西方古代建筑

第4章
原始社会时期的建筑发展

素质目标
- 认知原始社会建筑的美学价值,培养学生的艺术感知力;
- 分析人类早期建筑在世界范围内的产生背景、发展及特征,培养学生人类命运共同体意识。

原始社会是人类社会发展的第一个阶段,人与自然相依为命,又与自然界做斗争。在这一过程中,出现了对自然的崇拜,自然界的日、月、星辰、山、川、花、草、木、石、飞禽走兽均可以成为崇拜对象,原始社会的一些建筑也打上了这些信仰的烙印。

4.1 旧石器时期的建筑

4.1.1 部落文化

人类在地球上差不多已经存在了170多万年,在漫长的探索中,人们学会了使用粗糙的石器、骨器和火,学会了以简单的语言进行沟通,人们以狩猎、采集为生,并由最初的巢居形式逐渐转变成了穴居形式。

建造人类遮蔽所的最早线索可以追溯到法国南部的特拉阿马塔,距今约有40万年。虽然只有极少的遗物可以证实这种茅屋形式的出现,但仍然可以通过一些现代社会中"原始"人类的社会实践暗示来推测这种用树枝建造的茅屋式样(图4-1)。今天,很多封闭的部落还保持着原始时期传统的生活方式,并对现代社会发展的进步概念采取不信任的态度,因此,他们的生活方式可以被看作是对原始生活方式的一种说明。许多"原始"的小屋具有一些共同的特征,它们一般都很小,而且几乎全都呈圆形,其尺度反映了当

图4-1 树枝建造的茅屋

时在材料加工和维护工艺上的局限性，而圆形的采用仿佛来自一种动物的本能，就像鸟类和昆虫筑巢时会自发地采用各种圆形的式样一样。

4.1.2 穴居生活

自从有了穴居生活，也就有了雏形的内环境装饰。在旧石器时期晚期，即距今3万年到1万多年之间，开始出现洞穴壁画、岩画、雕刻和建造物等艺术形式。旧石器时期在绘画上具有代表性的洞穴有法国的拉斯科洞窟和西班牙的阿尔塔米拉洞窟。发现于1940年的拉斯科洞窟，由主厅、后厅、边厅，以及连接各部分的洞道组成，主厅和两个通道的壁

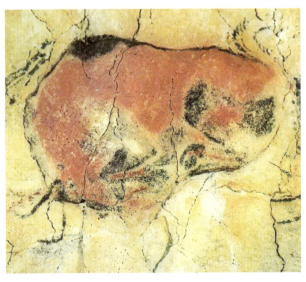

图4-2 西班牙阿尔塔米拉洞窟壁画

面及顶部绘制了大量的野牛、驯鹿和野马等原始动物。原始画家先用粗壮、简练的黑线勾画出动物轮廓，再用红、褐、黑等色渲染出动物的体积和结构，画面雄壮而富有动感，充满粗犷的原始气息和野性的生命力。阿尔塔米拉洞窟（图4-2）发现于19世纪下半叶，包括主洞和侧洞，侧洞以著名的壁画《受伤的野牛》而闻名于世，被称为"公牛大厅"，其长18m、宽9m，顶部绘有18头野牛、3头母鹿、两匹马和一只狼，其中，受伤的野牛刻画得最为生动，将动物受伤后蜷缩、挣扎的动态和结构都表现出来。阿尔塔米拉洞窟壁画比拉斯科洞窟壁画的轮廓更为细腻，而且明暗起伏更为丰富，与色彩渲染紧密结合，更形象地表现出了动物的身体结构，甚至感情也更为细腻。

虽然不能草率地推断这些洞窟壁画的目的就是原始人类为了装饰自己的居住环境而作，但它们确实或多或少地起到了这样的作用。

4.2 新石器时期的建筑

4.2.1 巨石建筑

地球在漫长的岁月中慢慢发生着变化，冰河期渐渐消失，气候转暖，人类开始走出洞穴，筑屋而居。在新的自然环境中，人类逐渐脱离了经历数十万年之久的采集、狩猎生活，开始进入以磨制石器和定居生活为特征的新石器时代。

新石器时代的巨石建筑是当时最为突出的文化形式，同时也是主要的美术成就。很难断言这种神奇的石料围合方式一定与居住有关联，也许只是一种宗教仪式的派生物，但作为远古时期遗留下来的一种建造形式，它明显地折射出了当时人类的建造力和空间围合的审美倾向。巨石构筑物的类型极为丰富，总的来说大概有五种：第一种是把未经加工的细长形巨型石块直接竖立起来，如法国巴尔达尼的"仙女石"；第二种是在两块竖立的巨石上再架一块扁石，形成一种门形的建造物，如欧洲国家的一些马蹄形立石；第三种是在三四块较矮的立石上放上一个扁平的石片，形成一种桌状的石屋，如法国被称为"商人的桌子"的巨型建筑；第四种是用许多垂直的石块呈直线平行排列而成，最为典型的代表是法国的卡尔拉库，一共有982块立石，分十行

排布，全长1220多米；第五种是用巨石建成的带有墓道的墓室，丹麦出土的这类墓室是其代表样式。英格兰南部的圆形巨石阵"斯通亨治"（图4-3）是巨石建筑最典型的代表，其宏伟的环形结构、宗教的肃穆令世人瞩目。由于受到地理条件、气候条件、材料等因素的影响，原始的住房形式还呈现出多种形式。如爱基摩人用雪堆筑成圆顶的小屋，撒哈拉沙漠地区的人们则通过挖坑筑造出的地下住房。但这些空间形态并非通过现代室内设计的概念设计而成，而是出于一种生存的需要，并由当时的建造技术所决定。

图4-3　英国巨石阵

4.2.2　建筑装饰的萌芽

远古时期的原始社会，虽然还谈不上整体的环境装饰风格，但考古发现的某些器皿，说明当时已经产生了对美的认识和一种装饰的萌芽。新石器时代早期出现了陶器，中期又在原始形态的基础上有了带装饰纹样的陶器，它们除了满足人们的生活需要外，也反映出了当时人们的一种审美意识，同时，对生活器皿的装饰性加工也是室内陈设发展的一种萌芽。

随着时代的发展，社会日趋复杂，生活日渐完善，人们对居住、集会和举行仪式的场所需求也随之产生，于是村舍、堡垒、坟墓等建筑形式也应运而生。在法国、瑞士、意大利等地都发现有新石器时代的水上村落残迹，房屋以水里的木桩为基础，上有木制屋架，四壁以编织成型的树枝围合，再涂以泥巴，并与陆地之间架有简单的桥梁，以防野兽的攻击。住房形式的进一步完善，推进了房屋装饰的发展，早先完全以实用或宗教目的为引导的室内空间布局，开始向以追求美感为宗旨的装饰性方向发展。

第 5 章
古代时期建筑样式与风格

素质目标
- 学会欣赏古希腊和古罗马建筑的美学价值,包括比例、对称、装饰和材料的运用,培养学生对古建筑美学的感知能力;
- 增强学生对古希腊和古罗马文化的理解和尊重,增强建筑文化意识,培养学生对全球文化遗产保护的责任感;
- 鼓励学生使用历史文献、艺术史资料和建筑遗址图片进行研究,支持他们对古建筑的分析和讨论,培养研究精神。

5.1 古希腊建筑样式与风格

5.1.1 古希腊建筑的起源和发展概述

古希腊指散布在巴尔干半岛、小亚细亚西岸和爱琴海的岛屿的奴隶制城邦国家的总称,后随着文明的扩展,意大利、西西里和黑海沿岸也陆续建立了一些城邦国家,一起并入了古希腊文明的范畴。古希腊多山,山岭中富有高质量的白色大理石,海上散布着诸多岛屿,拥有温和的海洋性气候,并位于亚、欧、非三大洲的交界处,拥有便利的海运条件和发达的对外贸易,城邦之间的联系与交流非常密切,这使得古希腊文明从一开始就可以吸取多方向的文化元素和技术元素,依靠自己的自然环境形成以石结构为主体的建筑特色,并在发展的过程中形成特定的艺术形式。古希腊文明是欧洲文明的源头之一,古希腊建筑是欧洲建筑的奠基者,在古希腊时期形成的建筑形制和样式对欧洲建筑影响极为深远。

古希腊文明的源头是大约在公元前3000年至公元前1400年的爱琴海文明,中心先是在克里特岛,后中心转移到了迈锡尼,爱琴海文明时期的建筑深受古埃及建筑形制和样式的影响。

古希腊的建筑虽然在技术装饰方面对古埃及建筑有所借鉴,但克里特岛的建筑都是世俗性建筑,依据现在的考古现状,并未发现神庙。其代表性的遗址有克诺索斯的宫殿,它是米诺斯王朝的宫殿。克诺索斯米诺斯王宫(图5-1、图5-2)依山而建,石头砌筑,规模庞大,中部有一个长方形的院子,顺应地势高低错落,层数不等,房间较多,分布自由,布局并不对称,空间复杂,宫殿中分布着多个小型内院,整体似迷宫。宫殿大门为工字形平面。宫殿中使用了彩色壁画,也是克诺索斯的宫殿建筑特点。宫殿建筑中的柱有整根圆木抹灰和石柱两种形式,但整体形象统一,上大下小,造型模式较为固定。柱子具有柱础、柱基、柱头和柱顶石,各部分初步完善,柱子的色彩装饰也较为固定,有红色柱身、黑色柱头和黑色柱身、红色柱头两种形式。

迈锡尼文明晚于克里特文明。迈锡尼文明下的建筑已经转移至希腊本土,据考证,迈锡尼居民的语言是

图5-1 克诺索斯米诺斯王宫建筑群复原鸟瞰图(《世界建筑史(古希腊卷)》)

图5-2 克诺索斯米诺斯王宫西北入口处柱廊及壁画(《世界建筑史(古希腊卷)》)

希腊语。迈锡尼的建筑文明可以看作是早期米诺斯建筑向古希腊建筑的一个过渡段。迈锡尼人好战,迈锡尼和它周围城市的卫城具有很强的防御性,建筑风格健硕粗犷,卫城的特征展现了统治者的军事力量和好战的本性。迈锡尼卫城位于一个高于周围地面约40～50m的高地上,内分布着宫殿、贵族住宅、仓库、陵墓等,外围设厚达几米的石墙,长度约1km。宫殿与克里特岛的宫殿遗址特征类似。迈锡尼卫城遗址重要的遗物为"狮子门",门高宽均约3.5m,门的过梁上方有三角形状的叠涩券,因此,过梁不用承重。过梁上置一块三角形的浮雕石板,上面雕一对相向而立的狮子,是工艺精良的雕刻作品(图5-3)。迈锡尼卫城及其"狮子门"和其他的石拱券墓室遗址表明迈锡尼人在砌石与建造拱券等方面较为擅长。从迈锡尼时期开始,古希腊人掌握了石砌拱券和穹顶结构的制作方法,在迈锡尼卫城中最具代表性的一种尖拱顶的墓穴,都已经以石材为主要材料兴建,代表此时人们的石材砌筑水平有了很大的进步。

图5-3 迈锡尼狮子门

古希腊继承了爱琴海文明，甚至有人称古希腊文明为"克里特-迈锡尼文明"。古希腊文明大概分为荷马时期、古风时期、古典时期和希腊化时期。荷马时期（公元前12世纪至公元前8世纪）虽在修建神庙，但暂未发现相关的遗址，下面论述以下三个时期的大致演进过程。

① 古风时期（公元前7世纪至公元前6世纪）：古风时期是古希腊建筑的快速发展阶段，逐渐形成了较为统一稳定的形式。这时期神庙以石材为主料建造，采用梁柱体系，形成围柱式的形制，端正而庄严。多立克柱式和爱奥尼柱式基本确立。英雄、守护神崇拜盛行，由此产生了希腊圣地，形成了圣地的代表性布局。古风时期著名建筑遗址有德尔斐地区的阿波罗神庙和帕斯顿姆的波塞冬神庙。

② 古典时期（公元前5世纪至公元前4世纪）：古典时期是希腊艺术的繁荣期，古希腊达到了建筑成就的最高峰。神庙建筑的形制和造型完全成熟，围廊式建筑的各部分开始形成了固定的格式和比例。柱式也已形成了最完美的比例，多立克柱式在古典时期得到了完美展现和高度发展，到古典晚期比例接近完美。这一时期出现了科林斯柱式的实例。圣地建筑群艺术达到高峰不可超越，完成了古希腊圣地雅典卫城，雅典卫城内的帕特农神庙代表着神庙和柱式的最高艺术成就。古典时期世俗性公共建筑逐渐变多，包括神庙、露天剧场、竞技场、广场、敞廊等，这些建筑集中表达了古希腊建筑艺术的匀称优雅、庄严纯净与典雅。这时期的建筑虽然用雕刻进行装饰，但并不烦琐铺张，而是节制而优美。古典时期的建筑对欧洲建筑的发展产生了深刻而长久的影响。

③ 希腊化时期（公元前4世纪末至公元前2世纪）：公元前338年，马其顿王统一了全希腊，后通过远征，扩张了领土，建立了亚历山大帝国，疆域横跨欧、亚、非三洲。亚历山大帝国大力倡导希腊文化，随着帝国的扩张，希腊建筑艺术传播到各地，在被征服的区域得到发展，埃及、小亚细亚、叙利亚等地都受到了希腊文化的影响，希腊文化传播到各地又和当地的文化传统进行了结合，呈现出异彩纷呈的文化盛宴。这段时期被称为希腊化时期。

希腊化时期，文化交融，建造结构技术空前丰富和繁荣，艺术手法多样，建筑创作的领域扩大，公共建筑类型增多，包括体育场、剧场、会堂、浴场、市场、图书馆等。各类型建筑功能逐渐专化稳定，其中，剧场和浴场已形成基本形制。该时期的集中广场代替了神庙建筑成为城市的中心，祭坛发展成独立的建筑物，一般不设内部空间，代表性的祭坛为小亚细亚的帕加玛城宙斯祭坛。建筑构图手法也相应增多，叠柱式和壁柱很多。古典时期所尊崇的节制和优雅，被希腊化时期的铺张奢侈和无节制所替代，热情追求华丽装饰，简朴的多立克柱式衰落，爱奥尼柱式和科林斯柱式得以广泛运用，科林斯柱式得以形成稳定的特征。

5.1.2 古希腊建筑样式与风格特征及其样例欣赏

5.1.2.1 优美的柱式

古希腊最大的成就是柱式。柱式不仅是柱子形制的规定，是指以立柱为中心的一系列相关形式要素的综合构成，从柱础到檐壁的每个部分都有要求，包括柱子的高度与柱子底径的比例、柱子逐渐变细的程度、柱子间的距离、柱子凹槽的条数等细节内容。古希腊哲学家亚里士多德认为美是和谐，和谐的体现是秩序性和比例的相互协调，这种思想可以在柱式上得到体现。

古希腊时期逐渐形成和发展了三种柱式：多立克柱式、爱奥尼柱式、科林斯柱式（图5-4、图5-5）。多立克柱式和爱奥尼柱式在古典时期发展成熟。科林斯柱式则是在古典时期出现，晚期形成独特的风格。古希腊同时流行着几种柱式，散发着创造的热情，当时可能有书籍探讨柱式理论，但是由于典籍湮没而无从考证，到古罗马时期，柱式理论才定型，古罗马建筑师的维特鲁威的《建筑十书》可作为印证。柱式是古典建筑的根本，是区别于中世纪建筑的重要特征。

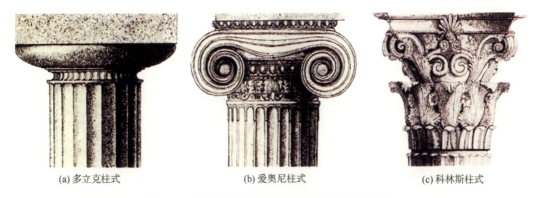

(a) 多立克柱式　　(b) 爱奥尼柱式　　(c) 科林斯柱式

图5-4　古希腊三种柱式细部《世界建筑史（古希腊卷）》

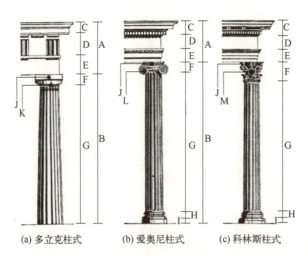

(a) 多立克柱式　　(b) 爱奥尼柱式　　(c) 科林斯柱式

图5-5　古希腊三种柱式（《图说西方建筑简史》）

A—檐部；B—圆柱；C—檐口；D—檐壁；E—额枋；F—柱头；G—柱身；H—柱础；I—方形柱座；J—顶板；K—倒圆锥台；L—涡卷；M—莨苕叶纹

（1）多立克柱式

多立克柱式发源于希腊本土，也是三种柱式中出现最早的柱式。多立克柱刚劲，比例粗壮。柱高约为底部直径的4～6倍，开间比较小。柱身从上到下都有连续的凹槽，凹槽的数目在16～24之间，通常为20个，柱身凹槽相交成锋利的棱角，造成的光影变化加强了柱子的力量感。多立克柱式的柱子没有柱础，早期的柱头侧面轮廓弯曲而柔软，到了古典盛期，帕特农神庙的柱头就是一个倒置的圆锥台，轮廓两边都演化为直线，刚劲挺拔。多立克柱头其上设方形顶板作为与檐部的过渡，檐部较重。收分和卷杀明显，柱身上细下粗，外廓呈很精微优美的弧形，连接上径和下径的直线与弧形外廓相差最大之点大约在柱高的三分之一处。这种外扩的弧线使柱子像具有生命和力量的饱满的肢体。多立克柱线脚较少，装饰简洁，偶尔设方线脚。多立克柱式的台基是三层朴素的台阶，台基面和额枋的弧形隆起。健壮而简朴的多里克柱式，被当作男性的象征。多里克柱式的代表为雅典卫城内的帕特农神庙。

（2）爱奥尼柱式

爱奥尼柱式发源于小亚细亚，处处与多立克柱式对比，它形成很早，但定型比多立克柱式晚。其比例修长，开间比较宽，相比多立克柱式，其檐部较轻。爱奥尼柱式的柱头具有典型特征，左右各有优美纤巧的涡卷。涡卷下的颈部设一道雕饰精致的线脚，典型的雕饰是盾剑或者草叶。柱头上设正方形的顶板，下与柱身上端一圈盾剑饰等相切。柱身通常有24个凹槽，凹槽形成的棱上还有一小段弧面，柔和而优美。爱奥尼柱式有柱础，柱础柔和，通常是两层或三层的凸圆盘和凹圆槽组成的，富有弹性与肌体之美。爱奥尼柱式使用了多种复合的曲面线脚，线脚上引入盾剑、桂叶和忍冬草叶等雕饰，形式优美。其台基侧面壁立，上下都有线脚，没有隆起。装饰雕刻采用薄浮雕。爱奥尼柱式的代表为雅典卫城的胜利女神庙和伊瑞克提翁神庙。

（3）科林斯柱式

科林斯柱式出现最晚，由爱奥尼柱式衍化而来，如果说爱奥尼柱式是妆容淡雅的女子，那么科林斯柱式就是一位浓妆艳抹的女子。科林斯柱式是在爱奥尼柱式的基础上形成的，其整体和爱奥尼柱式相似，不同的地方为柱头，科林斯柱的柱头不是涡卷，而是华丽的毛茛叶纹饰，像花篮一般，装饰性极强，但柱头的部分因为装饰而被拉长。科林斯柱式柱底径与柱高的比例拉长至1：10，比爱奥尼柱式的比例更加纤细、修长，但柱身与檐部的做法与爱奥尼柱式相同。到古希腊后期，科林斯柱式的柱头变得装饰性更强，柱头上的方形柱顶盘变薄，而且平直的四边都向内凹，更加凸显了柱头的纤巧和华丽。科林斯柱式虽产生于古希腊，但在古罗马建筑中使用较多。

5.1.2.2 精致的雕刻艺术

古希腊时期的建筑材料是优质的白色大理石，这种材料更利于雕刻出精细的线脚和细节。在古希腊，雕刻属于最高级的艺术创作，建筑被当成了一个大型的三维的雕刻作品进行处理。例如，雅典的帕特农神庙就是一个巨型的石质雕刻作品。

5.1.2.3 出色的建筑群布局和高雅的神庙

古典盛期建筑艺术最高的代表为雅典卫城，它是公元前5世纪雅典奴隶主民主政治时期的宗教活动中心，在战胜波斯后，其更加被珍视，被认为是国家象征。雅典卫城的帕特农神庙代表着多立克柱式的最高成就。雅典卫城的胜利女神庙和伊瑞克提翁神庙是爱奥尼柱式的代表。雅典卫城达到了古希腊圣地建筑群、庙宇、柱式的最高艺术境界，代表着最高的水平。

雅典卫城（图5-6、图5-7）体现着古希腊圣地建筑群布局艺术的最高峰。卫城建筑群建设的总负责人是雕刻家费地。

图5-6　雅典卫城现状

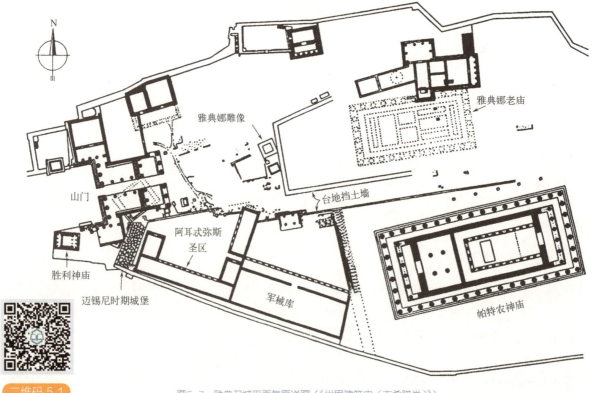

图5-7　雅典卫城平面复原详图（《世界建筑史（古希腊卷）》）

雅典卫城是守护神雅典娜的圣地，卫城曾遭波斯侵略军的破坏，后重建。雅典卫城坐落在雅典城中部的一个顶部相对平坦的孤立小山冈上，山冈高出四周约70～80m。

建筑物布局顺应地势，整体采用了自由活泼的布局。为了使雅典卫城成为城市的优美景观，主要的建筑物沿着西、北、南三个边沿布局，建筑物都贴近山岗上平台的边沿建造，便于观赏。整体布局依山就势，高低错落，从山下的各个方向展示着卫城完整的艺术形象。

卫城中心是雅典城的保护神雅典娜·帕特农的铜像，手持长矛，一身戎装，形成整个卫城的构图中心。围绕着雅典娜·帕特农铜像的是山门、胜利神庙、伊瑞克提翁神庙和作为卫城主体建筑的帕特农神庙。这些建筑布局主次分明、高低错落。帕特农神庙位于卫城最高位置，体积较大，造型端庄优雅，其他的建筑相比帕特农神庙则处于相对次要的地位。

雅典卫城的布局除了考虑山下卫城整体的观景效果，也考虑了人在路程中对空间序列和建筑造型的感受。雅典卫城将多立克柱式与爱奥尼柱式的交替使用，使建筑物在形制、形式和规模上极富变化。从卫城西南通道登山，依次见到的是胜利神庙、山门、雅典娜铜像、帕特农神庙、伊瑞克提翁神庙，每一段路程都能看到优美的建筑形象。沿着祭神的流线，所看到的建筑造型充满变化，建筑在布局时充分考虑了最佳的透视角度，身在路途中人们可以多角度感受建筑的优美造型和单体建筑之间相互的对比与变化。这种对比与变化有体量的不同、形制的转换、柱式的交替、雕刻的变化、角度的不同呈现等，但主次分明，被主体建筑统率，整体性强。

神庙的形制来源于爱琴海文明中宫廷和贵族府邸的正室，最初是类似于正室的一间圣堂，后来独立出来，成了单独的一幢。神庙在长久的演进过程中，形制逐渐形成，长方形的平面，狭端为正面，四面围廊，小型的庙宇有一端或者两端围廊，更小的只有两根柱子，夹在正室侧墙突出的前端之间。根据古罗马建筑师维特鲁威的相关著作，依据神庙正立面柱数可将神庙分为①端墙双柱式，②四柱式，③六柱式，④八柱式，⑤十柱式，⑥十二柱式；根据其平面形式可将神庙分为①端墙式，②前廊式，③前后廊式，④围柱式，⑤假围柱式，⑥双围柱式，⑦假双围柱式。双围柱式有内外两圈柱子，假双围柱式虽然只有一圈，但廊子深度相当于两圈的。到公元前5世纪时，多立克神庙侧面柱数最典型的为正面柱数的两倍加一，最常见的围廊式庙宇是6柱×13柱，这种六柱围廊式其实是将端墙式或四柱式神庙四面再围一道柱廊，从而得到正面六柱的类型，这成为古希腊时期用得最广也是最基本的一种围柱式神庙。

新的帕特农神庙（图5-8、图5-9）始建于公元前447年（原帕特农神庙毁于战争），公元前438年完工并完成圣堂中的雅典娜像，公元前431年完成山花雕刻。设计人是伊克底努和卡里克拉特，雕刻由菲迪亚斯和他的学生创作。

帕特农神庙为希腊本土最大的多立克式庙宇，它是卫城上的主体建筑，是城邦保护神的庙宇，是城市抵御波斯入侵的胜利纪念碑。帕特农神庙在当时的雅典具有非凡的政治和文化意义。

帕特农神庙是一个长方形的庙宇，形体简洁单纯，气势恢宏。台基、墙垣、柱子、檐部、山花、屋瓦，全都是用质地最好的纯白大理石砌筑，通体白色，采用了最高贵的围廊式形制，正面有8根柱子，侧面有17根。

柱式采用多立克柱式。多立克柱式刚劲，充满力量，比例和各部分的艺术处理臻于完美。帕特农神庙的多立克柱比例稍显修长，开间稍显开阔，下粗上细并微微呈弧形。台基面也微微凸起，长边和短边的中点均稍高于两端。柱身和台基的这种处理使它们在视觉上达到了最完美的形象显现，避免了呆板，而且富有蓬勃的生命力。所有的柱子略向中央倾斜，在视觉上更显得稳定、坚实，向心力和整体感更强。山花和檐部安装着大量的雕刻，并且有十分浓艳的红、蓝、金三种色彩。山花顶上有青铜镀金做成的装饰。

圣堂内部左右两侧和正面立着连排的柱子，它们分成上下两层，尺度由此大大缩小，把正中的雅典娜像衬托得格外高大。这神像据传是菲迪亚斯本人的作品，用象牙和黄金制作，在雅典与斯巴达之间发生了长期的伯罗奔尼撒战争（公元前431～前404年）之后，被拆掉填补枯竭的国家财政，在财库里还立了4根爱奥尼式柱子，其稍细了一些，符合室内狭小的空间要求。

图5-8 帕特农神庙

(a) 立面　　　　　　　　　　　　(b) 外廊剖面

图5-9 帕特农神庙立面及外廊剖面图（《世界建筑史（古希腊卷）》）

伊瑞克提翁神庙（图5-10、图5-11）是雅典卫城建筑群中又一处精美的建筑作品，其建于公元前421年至公元前405年间，是雅典卫城里最后完成的重要建筑，它的建筑师是皮特欧。其位于帕特农神庙的对面，是为纪念雅典人的始祖伊瑞克提翁而建。伊瑞克提翁神庙是古典时期爱奥尼柱式的代表，其建筑构思巧妙，建筑细部精致、完美。

伊瑞克提翁神庙的面积，大概相当于帕特农神庙的1/3。设计者依山势的起伏变化将神庙建在一处地理断裂带上，平面为多种矩形的不规则组合，主体由长方形平面的神庙与设置在建筑西端南北两侧的两个柱廊构成。

它的东立面由6颗爱奥尼柱式构成入口柱廊，西部地基低矮，设计者将柱廊设置在4.8m高的墙体上。南立面的西部为一个小型的女雕像柱廊，女雕像柱廊平面为长方形，共6尊雕像，每个高2.3m，面部朝南，头顶有大理石花边屋檐和顶棚，其中正立面四尊、左右各一尊。四尊女雕像柱头顶花篮身披长袍，为优美的少女形象，与承重柱的功能性相配合。六尊少女像分两组，一组少女微屈左膝，另一组少女微屈右膝。雕像体态丰满，端庄且栩栩如生。神庙主殿南北墙壁都开设窗户，与矩形方石块砌筑的墙壁相协调。

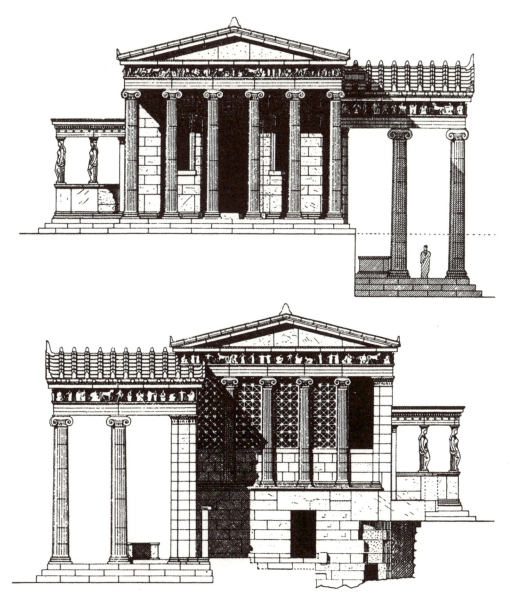

图5-10　伊瑞克提翁神庙立面复原图（《世界建筑史（古希腊卷）》）

图5-11 伊瑞克提翁神庙

5.1.2.4 多样的建筑类型

古希腊时期出现了多样的建筑类型，不但有神庙、祭坛等宗教性建筑，而且世俗性建筑在发展过程中不断增多，功能和形制不断成熟，例如会堂、剧场、市场、浴室、旅馆等，同时发展了纪念性的集中式建筑，体现着古希腊发达的政治、经济、文化和生产力。

露天剧场在爱琴海文明遗址中就有了，在克诺索斯的米诺斯王宫中就有露天剧场的遗迹。古希腊剧场在古典时期已形成比较典型的形制，即由观众席、歌舞场和舞台三部分组成。其常常利用山坡地势，将半圆形的观众席逐排升高，其间布置有多条放射形的通道。歌舞场位于剧场中心一块圆形平地上，后面有狭长形的舞台，并与化妆及存放道具用的建筑物相连。希腊时期剧场建筑发展迅速，建造了一些大型而相对成熟的作品。后期有一些案例设置了荣誉席和国王包厢，并出现了月池和舞台台口的雏形。

集中式建筑物的代表作之一是雅典的奖杯亭（图5-12），也被称为利西克拉特合唱队纪念碑。这座亭子是公元前335年至公元前334年间，雅典富商利西克拉特为了纪念由他扶植起来的合唱队在酒神节比赛中获得胜利而建立的。奖杯亭采用集中式构图，

图5-12 奖杯亭

同时为早期科林斯柱式的代表作。亭子下部基座2.9m见方，高4.77m。其上设圆形亭子，亭子是实心的，周围有6棵科林斯式的倚柱。亭子的顶部为圆穹顶，由一块完整大理石雕成，用来安放奖杯。

剧场的代表作品有埃比道鲁斯剧场（公元前300年，图5-13），由波利克莱托斯设计的埃比道鲁斯剧场是保存最为完好的古建筑露天剧场，是古希腊晚期建筑中最著名的露天剧场之一。埃比道鲁斯剧场建于公元前350年，它的设计者是著名雕刻家波里克里托斯的儿子小波里克里托斯。整个剧场舒展开阔，扇形观众席建在山坡上，直径约为118m，有34排座位，中心是圆形表演区，即歌舞区，直径约20.4m，后面设有舞台。经过扩建后，座位达到55排，座位数量达到1.3万个，围绕直径达20.3m的圆形舞台布置，剧场的音响效果极佳。

图5-13　埃比道鲁斯剧场

5.2　古罗马建筑样式与风格

5.2.1　古罗马建筑的历史起源和发展概述

最初，罗马为亚平宁半岛中部西岸台伯河上伊特鲁利亚国王统治的一个君主制小城邦。公元前6世纪（史学家认为应在公元前509年左右，也有史料给出公元前510年），罗马人组织暴动，推翻了伊特鲁利亚国王的统治，随即伊特鲁利亚国王被废黜，建立了罗马共和国。伊特鲁利亚人具有相较同时代的高超的建筑技术，罗马早期的繁荣中伊特鲁利亚人功不可没。罗马经过不断地扩张，在公元前1世纪末，已形成东起小亚细亚、西临大西洋、南达撒哈拉沙漠（纳入埃及和北非）、北抵莱茵河和多瑙河的大帝国，横跨欧、亚、非三洲。此后，帝国时代如约而至，公元前27年，屋大维成为古罗马的第一任皇帝。古罗马帝国在繁盛期（1～3世纪）进行了大规模的建设，展现了古罗马时期的伟大成就。公元4世纪，古罗马帝国分裂成东、西罗马。

古罗马版图广阔，纳入版图的各个区域文化相互交融，促进了文化的大繁荣。古罗马的建筑文化也得以大发展，吸纳了古老的伊特鲁利亚的工程技术，崇尚古希腊的建筑艺术样式，将古希腊建筑艺术发扬光大，在帝国大版图的文化交融之下，也受到了小亚细亚、叙利亚等的影响。古罗马时代充满着创造的热情，铸造了辉煌的古罗马建筑文化。

5.2.2　古罗马建筑样式与风格特征

5.2.2.1　伟大的结构成就——拱券技术和混凝土技术的结合

古罗马时期建筑的伟大成就是拱券技术，伟大的结构成就支撑了恢宏的建筑艺术，使得建筑宏大的空间与造型得以实现，使得建筑的类型得以拓展，甚至影响着城市的整体规划与市政设施。

拱券技术最早来自伊特鲁利亚人。随着不断地尝试和创造，筒形拱、十字拱相继出现。十字拱对于建筑空间的发展具有重要意义，它可以覆盖在方形的间上，只需要四角有支撑，不需要连续的承重墙，使得建筑内部空间更加自由，方便开窗采光。连续的十字拱可以创造出更加开阔自由的空间，同时，也可以相互平衡侧推力，把侧推力最终传递到最外侧的墙垣，这为大型的公共建筑创造了结构方面的可能。

拱券技术和混凝土技术结合，使得拱顶和穹顶的跨度大大提高，从而极大地增加了建筑的容量和体量，也使得大型的公共建筑类型得以丰富和发展，是古罗马伟大的创造。

古罗马的混凝土是天然的火山灰，可以用碎石做骨料。用不同类型的骨料，可以制成强度和容重不同的混凝土。结构上层用浮石或者其他轻质石材作骨料，可减轻结构的重量。到公元前1世纪中叶，天然混凝土的券拱结构几乎普及。

混凝土技术和拱券结构的结合，使得古罗马建筑超越了古希腊建筑的传统，是巨大的创新之举。建造技术得到革新，建造成本得到降低，建造速度得以加快。混凝土随模板而成型，施工比凿石简便省力，技术难度降低，因此，对工人的技艺需求降低，可以将廉价的奴隶劳动力用在大规模的建造中，同时，廉价的天然火山灰和碎石断砖降低了建造的成本，加快了施工进度。正是这个工程技术的大革新造就了古罗马宏伟壮丽的城市和建筑。

5.2.2.2　完美的柱式

（1）五种柱式

古罗马汲取希腊人的建筑经验，继承了希腊的三种柱式，并创造了另外两种柱式，即塔斯干柱式和混合柱式。因此，古罗马有五种柱式（图5-14）：塔斯干柱式、多立克柱式、爱奥尼柱式、科林斯柱式和混合柱式。他们在古希腊多立克柱式的基础上，引入伊特鲁利亚人的传统，发展出柱身光滑的塔斯干柱式，这两种柱式的区别是前者檐部保留了古希腊多立克柱式的三陇板，并加上了柱础，而后者柱身没有凹槽。混合柱式（图5-15）是在科林斯式柱头之上再加一对爱奥尼式的涡卷。古罗马时代的柱式趋向华丽，科林斯柱式在古罗马非常流行，广泛用来建造规模宏大、装饰华丽的建筑物，符合古罗马贵族的审美趣味。塔斯干柱式和多立克柱式大多用于叠柱式的下层，很少单独使用。古希腊的柱式有一套严谨的受力体系，发挥结构作用；而古罗马的柱式多数用于装饰。

图5-14 法国建筑师克劳德·佩罗绘制的古罗马建筑五柱式［从左往右依次为塔斯干柱式、多立克柱式、爱奥尼柱式、科林斯柱式、混合柱式（《图说西方建筑简史》）］

(a) 混合柱式的柱头：有较大的涡卷和卵箭饰，据此可以与科林斯柱式相区别

(b) 古罗马多立克柱式的柱头

图5-15 混合柱式柱头与古罗马多立克柱式柱头（《图说西方建筑简史》）

（2）券柱式

古罗马的匠师们为了将柱式和古罗马的拱券结构相结合，创造了券柱式（图5-16），即在券洞的两侧设置柱，相当于把券洞放入柱式的开间中，因此开间变大，但柱子和檐部的比例不变。此处的柱为装饰柱，不起结构作用，通常突出墙面3/4左右个柱径。券柱式构图优美，不仅有方圆对比，为了取得构图的和谐统一，拱

券的细节装饰和柱式还取得一致，整体性很强。券柱式代表着柱式结构作用的逐渐消失，装饰作用的增强，这样的形式也解决了罗马建筑巨大的尺度要求和风格统一性矛盾。

（3）叠柱式

叠柱式最早在古希腊晚期已出现，古罗马的叠柱式一般为券柱式的叠加，水平分化较强。柱式叠加时注重视觉上的稳定性，重的在下、轻的在上，同时，重心回退。因此将视觉上健硕的柱式置于底层，装饰丰富而纤柔的柱式置于上层，遵循下简上繁的原则，并将柱的轴线后退。常用的手法是底层用塔斯干柱式或新的罗马式多立克柱式，二层用爱奥尼柱式，三层用科林斯柱式，如果还有第四层，则用科林斯式的壁柱。例如，图5-17为古罗马大角斗场，下层为雄伟和象征力量的多立克柱式，往上为轻快华丽的爱奥尼柱式和科林斯柱式，顶层则为轻薄的科林斯壁柱和柱顶盘。柱式层层后退，给人一种稳定的感觉。

（4）巨柱式

巨柱式为一个柱式做通高层次的贯通。巨柱式竖向划分强，细节设计不到位的情况下，尺度容易失真。巨柱式虽然在古罗马流行不广，但后来的一些法国古典主义建筑中借鉴了巨柱式构图。

（5）连续券

连续券的做法是把连续的券脚依次落在柱子上，中间垫一小段檐部，风格轻松，其在古罗马时代并不十分流行，但被中世纪的罗马风建筑汲取，成为罗马风建筑的特点之一。

5.2.2.3　优美的饰面

古罗马的建筑，通常在墙体的表面做装饰层，尤其是在重要建筑的室内，优美的面层必不可少。

古罗马时代最流行的饰面做法是贴大理石板，随着工艺的发展，大理石板越做越薄，可达三四厘米。大理石板分块，充分利用不同色彩和花纹的块材进行图案拼贴。在大理石板普及之前，流行火山

图5-16　古罗马券柱式（《外国建筑历史图说》）

图5-17　古罗马大角斗场叠柱式（《世界建筑史（古罗马卷）》）

灰做水磨石的饰面方法，即在火山灰中加入大理石碎渣，抹在墙上再抛光。有的地方用大理石马赛克做饰面，即用很小的大理石镶嵌拼贴，做成各种各样的图案。还有一种做法是直接抹灰，然后在抹灰上做壁画，庞贝古城的遗址里有这样的实例。

5.2.2.4 丰富的建筑类型

古罗马帝国的皇帝与贵族们追求奢侈的生活，因此，古罗马的世俗生活发达。同时，古罗马拱券技术先进，文化繁荣，生产力水平高，因此，帝国在各地建造了大量类型丰富的建筑，包括多样的公共建筑和发达的市政设施，例如庙宇、皇宫、剧场、角斗场、浴场、广场、巴西利卡、有内部院落的住宅和多层公寓、输水设施等。这些建筑内部空间开阔，具有良好的功能关系，形制成熟，构图稳健，外部造型宏大，结构水平高超，艺术手法丰富，对后世产生了深刻的影响。

（1）庙宇

罗马基本延续了古希腊的宗教信仰，罗马庙宇的基本形制亦来自古希腊，但古罗马的庙宇建在城市当中，根据具体的基地条件，形制会略有不同。一般，如果单栋的神庙建在城市比较密集的建筑群中，则强调庙宇的正面，不做围廊式，设深前廊；如果庙宇有院落，则强调庙宇形体的完整性和立体性，做成围廊式。

二维码5.2

但古罗马出现了把众神集中供奉的情形，这样的神庙叫作万神庙，即"献给所有的神"的庙。

罗马皇帝哈德良建造的万神庙，又译为潘提翁神殿，是古罗马建筑中唯一被完整保存下来的大型建筑，这代表着古罗马建筑技术和艺术的高峰。

万神庙（图5-18、图5-19）为单一集中式建筑，形体单纯，具有很强的纪念性。万神庙是由门廊和神殿两大部分组成的。门廊为长方形平面，类似于古希腊神庙的正面，柱式构图，设3排科林斯式的柱子，每根都是用整块的花岗石制成，柱高达14.15m，底部直径为1.51m，形成门廊。

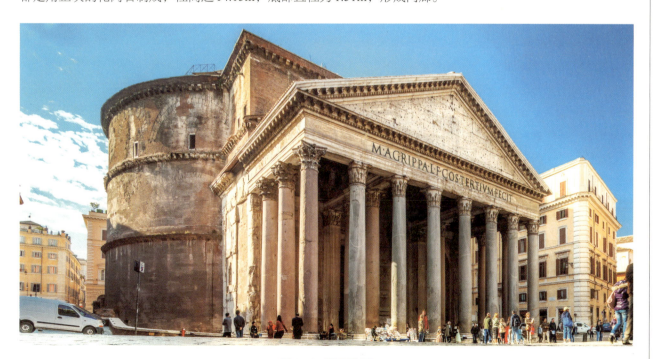

图5-18 罗马万神庙

门廊后部为圆形神殿，穹顶的直径为43.3m，43.3m的跨度为欧洲古代建筑跨度的最高纪录，保持了近1800年。穹顶用混凝土分段浇筑，越往上越薄，并做五圈方形凹格，尺寸巨大，完整统一，代表着古罗马高超的混凝土与穹顶技术。穹顶的顶部开圆洞采光，内部无其他窗户，光从顶部的圆洞射入，可以看到安静祥和的天空，仿佛可以与"天"交流。方格藻井式天花的凹格越往上越小，增强了透视的效果，拉升了视觉空间。

墙体厚重，为承重墙，厚度达6.2m，进而产生一种装饰母题，那就是壁龛。壁龛本身是建筑式的，在墙体内沿向墙体方向发券，总共8个，其中6个壁龛都设置成二柱门廊的形式，另外2个不设柱，一个用作主入口，另一端与主入口相对的作主祭坛。龛的前部设科林斯式柱，延圆周一圈，整体统一，同时分隔空间，虚实对比强烈。内部的墙面贴大理石板，地面也铺彩色大理石板，中央高于边缘，是个弧面，在视觉中扩大了地面。

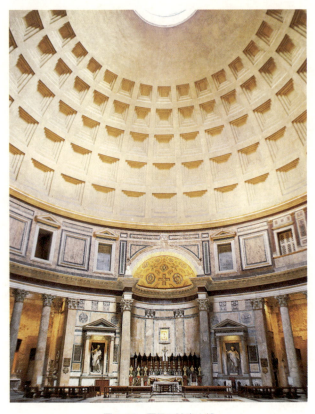

图5-19　罗马万神庙内部

（2）浴场

浴场在古希腊时期已经出现，古罗马时期十字拱和拱券平衡体系结构的成熟给浴场的大兴大建提供了坚实的技术基础。作为古罗马建筑技术与艺术的又一个高峰，浴场形制发展成熟，多重发达的十字拱券使得浴场的空间连续开阔，空间趋向对称，最终形成了轴线上严谨的空间序列。古罗马浴场的功能不仅限于提供洗浴服务，它还是古罗马人休闲和娱乐的场所，同时是一种重要的社交场所，说明了古罗马的公共生活非常发达。因此，浴场的功能是复合的，浴场和运动场、图书馆、音乐厅、演讲厅、交谊室、商店结合起来，形成具有综合性功能的建筑群。

古罗马浴场的采暖技术发达，锅炉房设在地下，墙体和屋顶设置采暖的管道，具体来说，就是先在拱券的胎模上铺设一层空心砖，空腔依次相接，然后浇注混凝土，空心砖腔体形成管道。锅炉房里把热气或热烟排入管道，将热量散发到浴场。这些热气和热烟，在穹顶或拱顶内表面流动，没有危险，温度均匀。

古罗马时期的代表作有罗马城里的卡拉卡拉浴场和戴克利提乌姆浴场，它们都是综合功能建筑群。

戴克利提乌姆浴场，位于罗马城人口最稠密的中心区内，占地约11公顷，可同时容3000人，是古罗马最大、最为壮观的帝国浴场。

浴场的中心功能建筑呈轴对称，并形成空间序列，其中心功能区中部按照轴线布置了冷水浴大厅、温水浴大厅和热水浴大厅，其他房间对称布置在两侧。除洗浴部分外，浴场还设有图书馆、演奏厅、雕刻及绘画陈列厅、健身房及带喷泉的花园等，后面还设有半圆形剧场（图5-20）。

建筑的结构极为先进，是其开阔空间的技术基础。其利用了成熟的拱顶平衡体系，温水浴大厅上覆盖连续的十字拱，十字拱的重量传递在墩子上，墩子外侧设横墙，横墙抵御拱顶的侧推力，横墙之间跨上筒形拱，增强了空间的整体性和连续性。两侧横墙上为发大券洞，再使它们左右的空间相通。温水浴大厅后面是热水浴大厅，都作圆形，用穹顶。建筑内部空间开阔、通畅，得益于复杂多样的拱券体系所构成的有机整体。

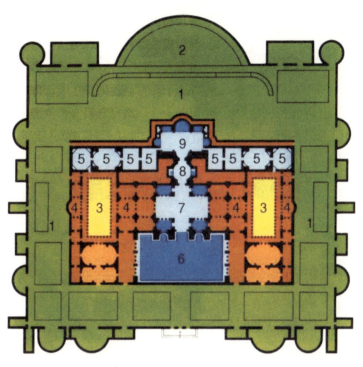

图5-20 戴克利提乌姆浴场平面复原及功能分析（《世界建筑史（古罗马卷）》）

1—花园；2—剧场；3—健身房；4—休闲厅；5—专用浴室；6—游泳池；7—中央大厅（冷水浴室）；8—温水浴室；9—热水浴

罗马戴克里先浴场拥有华丽的内部装饰。其饰面优美，大理石板、马赛克和壁画三种形式都在浴场中被使用，色彩和变化丰富。墙面设壁龛和装饰柱，配以雕像，精致而富丽堂皇（图5-21）。

图5-21 罗马戴克里先浴场中央大厅剖析复原图局部

(3）斗兽场

斗兽场是古罗马时期出现的特有建筑类型，代表着古罗马时代的建筑技术和艺术，其在古罗马的共和末期已经出现，是供奴隶主看奴隶斗兽表演的娱乐场所。斗兽场的形制借鉴了剧场，是剧场的演变。斗兽场的平面一般为长圆形，相当于两个半圆剧场。

罗马城里的大角斗场是古罗马建筑的代表作之一。大角斗场位于原尼禄兴建的庞大宫殿——金宫的遗址之内，而且正好位于原有的一座湖泊基址上，地基较软，大量的混凝土用于12m深的基础，结构稳定，工程技术极高。同时，大角斗场具有杰出的结构。其平面是一个外形尺寸为188m×156m巨大椭圆，椭圆的周围布置7道放射形的短墙，每圈大概有80道。拱顶横跨在放射状和环形的分隔墙之间，支撑起多排座位以及斜坡和部分过道。最上一层观众席没有用拱券支撑，采用木构，可防止拱券沉重的侧推力挤垮外墙。

大角斗场设计可容纳约五万名观众，设计中应用了放射状的坡道和楼梯结合环形过道来解决场内的交通问题。观众席不必依靠山坡，而是用一连串的筒形拱架起来，观众可以利用设在观众席地下的空间内的楼梯出入，这样观众从自己座位去选择楼梯上下，可以减少观众席内的移动，改善观众席内的秩序。观众席座位逐排升高，大概有60排，总升起坡度接近62%，分为5区，前面一区为荣誉席，中间是骑士等地位比较高的公民席位，最后两区是下层群众的席位。

表演区下面，是兽槛和奴隶囚室，角斗士和野兽的入场口设在底层，并设有相关的防御设施。当斗兽表演进行时，野兽和角斗士从地下室被吊上来。

大角斗场的立面分为4层，下3层采用叠柱式，最上一层为实墙。每一层都是券柱式构图，柱突出表面四分之三柱，并设檐口，构图完整。底层为多立克柱式，二层为爱奥尼柱式，三层为科林斯柱式，再往上是深深的阁楼层，设计为浅的科林斯壁柱，总体越往上越繁盛、精细、轻快。底层拱券作为建筑的入口共有80个，可以满足巨大人流的疏散需求，上两层拱券中分别设置雕像，整个建筑立面华丽而又震撼。券柱式构图强化了水平分化，具有虚实、明暗、方圆的对比，外形整体呈圆形，形式单纯完整而宏伟（图5-22～图5-24）。

图5-22　罗马大斗兽场

图5-23 罗马大角斗场现状

图5-24 罗马大角斗场内部现状

（4）市政设施

古罗马时代的市政建设也非常发达，建立了发达的道路系统，成为世界上最宏伟的交通网络之一。除了先进的道路系统，古罗马时代的输水道和下水道也取得了杰出的成就。无论是道路、桥梁，还是输水道（图5-25）和下水道（图5-26）都使用了拱券结构。桥梁和高出地面部分的架高的输水道，多由石砌筑，有的表面做些装饰处理，结构本身的美感配以适度的装饰，具有建筑艺术价值。可以说，古罗马发达的拱券结构技术使得城市的选址可以突破传统的水源性限制，城市一般建立在水源充足的地方。古罗马成熟的拱券技

图5-25 罗马马奇亚输水道立面及剖面图（《世界建筑史（古罗马卷）》）

图5-26
罗马马克西玛下水道通向台伯河的出口
（《世界建筑史（古罗马卷）》）

术，可以使古罗马一些军事卫戍城市坐落于水源并不充足但在战略上具有优势的地方。长长地架在连续发券之上的输水道从远处引水供应军队和居民。马奇亚输水道由雷克斯所建，是古罗马架高的输水道之一，是古罗马输水道的杰出工程。为确保源源不断的水流注入城市，设计时流量需经过严格计算。水道由拱券支撑，拱券及其柱墩用石灰华琢石砌筑。连续的拱券，形成优美的韵律，横跨自然与城市，蔚为壮观。这种利用拱券修建架高输水道的做法在共和后期已成为典型做法。

第 6 章
中世纪时期建筑样式与风格

素质目标
- 培养学生对不同建筑风格的审美欣赏能力，认识到建筑艺术的多元性和历史深度；
- 比较中世纪不同文化背景下的建筑风格，如拜占庭建筑、罗马式建筑、哥特式建筑，分析联系与区别，培养跨文化的理解能力和批判性思维能力。

6.1 拜占庭建筑样式与风格

6.1.1 拜占庭建筑的起源与发展概述

公元4世纪，罗马帝国陷入内忧外患之中，323年，君士坦丁（Constantine）大帝统一了全罗马。第二年，他开始建立新都，新都位于古希腊旧城的拜占庭（Byzantine）遗址之上。330年，君士坦丁迁都到拜占庭，并以自己的名字为城命名，称为君士坦丁堡（Constantinople）。公元395年，罗马帝国分裂为东西两部分，即东罗马和西罗马。东罗马以君士坦丁堡为首都，即拜占庭帝国，其地理位置连接东西方，文化是在古希腊和古罗马文化的基础上，融合了部分波斯、两河流域、叙利亚和亚美尼亚等地的文化成就，形成了自己的文化体系。同时，拜占庭的建筑又影响了这些地区的建筑，更影响到后来的阿拉伯伊斯兰建筑。

公元5～6世纪是拜占庭帝国的鼎盛阶段，此时皇权强大而教会次之，其间进行了大规模的都城建设，君士坦丁堡繁盛辉煌。6世纪中叶，拜占庭的查士丁尼大帝几乎统一了原来罗马帝国大部分领土，帝国的经济文化到达顶峰。由此，帝国各地建造了大量的建筑，包括一些庞大的纪念性建筑物，这些纪念性建筑保持了罗马帝国盛期的形制和艺术风格。

7世纪之后，拜占庭帝国日渐衰落，建筑量减少，拜占庭建筑则在巴尔干和小亚细亚继续发展。到12世纪，拜占庭的建筑形制和风格趋向统一，随着东正教的传播对东欧地区产生广泛而深远的影响，被影响的地方融合自身的文化，结合当地的自然环境特点，发展出具有自身特色的建筑形式。例如俄罗斯，拜占庭建筑对其产生了极大影响，由于地处寒冷的高纬度地区，常年的积雪使浅圆顶荷载过重，俄罗斯人逐渐使用浑圆饱满的洋葱形圆顶（或称战盔式穹顶）替代了浅圆顶，又发展了自己民族特色的帐篷顶式样。15世纪中叶，拜占庭帝国灭亡。

6.1.2 拜占庭建筑的样式与风格特征

6.1.2.1 集中式形制

拜占庭建筑的代表是东正教教堂，除了极少数，几乎所有的东正教教堂都采用集中式形制。采用集中式形制是为了满足东正教对教堂的功能要求，另外，集中式建筑物具有宏伟的纪念性。

6.1.2.2 创造性的结构

拜占庭式东正教教堂的平面为"希腊十字"，即正十字形。集中式形制的教堂需要集中式的穹顶，即平面的中央需要用大穹顶覆盖，而其下方的平面是一个正方形，这就需要解决穹顶的结构问题。拜占庭的穹顶技术解决了这个难题，创造了"帆拱-鼓座-穹顶"结构体系（图6-1）。具体做法是，在中央方形平面的四角立起4个柱墩，在4个边再发4个拱券，接着在4个拱券之间砌筑穹顶，穹顶的直径为方形平面对角线的长度，在拱券之上将穹顶作水平剖切，水平切口和4个拱券之间形成4个球面三角形，这部分称为帆拱。帆拱之上放置鼓座，鼓座可将穹顶高高举起，完成集中式构图。这项结构技术也可以将穹顶支承在比4个更多的独立支柱上，将重量传递到更多的柱墩上，摆脱承重墙，解放空间，使空间自由。

这项技术将方形平面自然过渡到穹顶，鼓座将穹顶高高托起，使得穹顶外部造型得到了更加充分的展现，有利于统率全局，获得集中式构图。

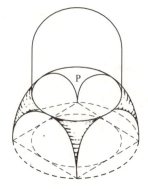

图6-1 帆拱示意图（《外国建筑史——19世纪末以前》）

6.1.2.3 雕饰化的柱式

早期的拜占庭教堂里用古罗马的柱式，拜占庭教堂中的柱子多承担发券，需要完成和券底脚的过渡。随着形式对结构的适应，加之其他文化因素的影响，柱头逐渐发生演化，形成了拜占庭风格的柱头样式，如倒方锥台形的柱头、方圆渐变形柱头。并且柱头多做雕刻装饰，有的看上去在结构上稍显脆弱，装饰题材有茛苕叶饰、花篮饰或其他题材的装饰，雕刻极尽精美（图6-2）。

图6-2 君士坦丁堡圣波利尤克托斯教堂的柱墩柱头（上）及拱基柱头（下）（《世界建筑史（拜占庭卷）》）

6.1.2.4 色彩斑斓的表面装饰

拜占庭建筑墙体的装饰通常采用大面积装饰做法。彩色大理石被用来贴在室内的墙壁上，拱券和穹顶用马赛克壁画或者粉画。马赛克壁画和粉画的题材大多是宗教性的，但在重要的皇家教堂里，题材会选择皇家事迹。马赛克壁画是用半透明的小块彩色玻璃镶成的，不同时期的马赛克壁画表现出不同的色彩倾向，做法也不尽相同。总体说来，马赛克壁画是平面化的，一般不表现空间和深度，人物动态也相对比较小（图6-3）。

图6-3 君士坦丁堡圣索菲亚大教堂西南前厅门上马赛克壁画（君士坦丁大帝像细部，《世界建筑史（拜占庭卷）》）

6.1.3 拜占庭代表建筑实例分析

6.1.3.1 圣索菲亚大教堂

圣索菲亚大教堂（图6-4、图6-5）是拜占庭建筑最典型最伟大的代表。圣索菲亚大教堂是一座重建的教堂，在此之前，曾有一个建于4世纪老教堂，被毁之后，进行了教堂的重建，从而诞生了伟大的圣索菲亚大教堂。圣索菲亚大教堂重建于532～537年，位于东罗马的首都君士坦丁堡，即现今土耳其的伊斯坦布尔，建筑师为安泰米乌斯和伊西多尔。

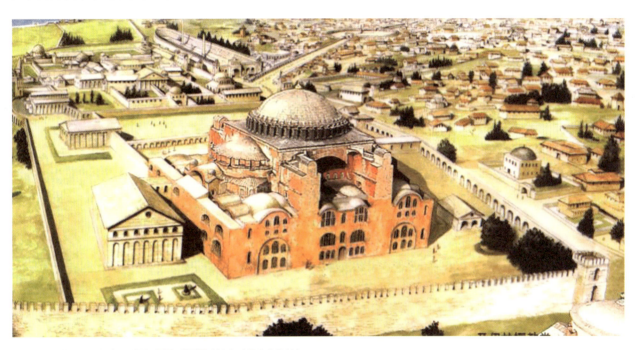

图6-4　圣索菲亚大教堂6世纪复原图（《世界建筑史（拜占庭卷）》）

图6-5　圣索菲亚大教堂现状

圣索菲亚大教堂的结构典型地体现着拜占庭结构技术的大突破。其采用了典型的拜占庭式穹顶，穹顶置于帆拱之上，完成方形空间和圆形空间的过渡。穹顶直径接近33m，高15m，有40根肋。如此大的穹顶，其巨大的侧推力依靠所建立的平衡体系来解决，即在大穹顶的东西两面分别设半个穹顶，抵挡来自穹顶的侧推力，它们的侧推力继续传递到两个更小的半穹顶和东、西两端的各两个墩子上，这两个小半穹顶的力再继续传递到两侧更矮的拱顶上去。大穹顶南北的侧推力则用巨大的墙墩来抵抗。

大穹顶有40根肋，肋是穹顶主要的受力结构。肋之间可以开窗，圣索菲亚大教堂在穹顶的根部开设了40个窗子，满足了空间的采光要求，在光的照射下，穹顶有了漂浮感，穹顶的重量感大大地削弱了，同时营造出一种神秘的气氛，也使得室内的空间效果变幻莫测，在不同时间展现出不同光照效果。

圣索菲亚大教堂虽然采用了集中式形制，但内部空间是复合的，不是单一性集中式。其大穹顶下的空间与南北两侧明确分开，而同东西两侧半穹顶下的空间连续。大穹顶和半穹顶的空间流动贯通，有高矮变化、形式变化，但主次分明，大穹顶统率全局。东西连续部分的平面纵深为68.6m，穹顶的中心高55m，空间高阔。

圣索菲亚大教堂的内部进行了色彩绚烂的平面性装饰，体现着拜占庭的特色。穹顶和拱顶拼贴玻璃马赛克。墩子和墙全用彩色大理石贴面，形成图案。

大教堂外部简朴，穹顶外覆铅皮，外墙面刷灰浆，形成红白两色的水平条纹。穹顶的造型在外部并不突出，没有得到完美的表现。1453年，信奉伊斯兰教的土耳其人攻占君士坦丁堡后，被圣索菲亚大教堂深深折服，所以没有捣毁它，而是把它改为清真寺，在四角加建了高高的"邦克楼"。

6.1.3.2 圣马可大教堂

威尼斯在整个中世纪都和拜占庭有紧密的联系，因此威尼斯的建筑受到了拜占庭的影响。威尼斯的圣马可教堂（图6-6）就是一座拜占庭风格的建筑，并在15世纪时经过扩大、改建和装饰。

圣马可大教堂是威尼斯最大的教堂，位于圣马可广场的东侧。圣马可大教堂的原址上曾有一座老教堂，

图6-6　圣马可大教堂

因老教堂被毁，后在1063年开始建造新教堂，于1094年完成现在的圣马可大教堂。

教堂为希腊十字式平面，因柱廊的划分，中心与十字的四翼空间明确。其上覆盖拜占庭风格的穹顶，内部由帆拱支撑，因带有鼓座，穹顶得以展示出完美的圆形，形态完整丰满。教堂和穹顶内部装饰着大量马赛克壁画，展现着拜占庭装饰艺术的富丽色彩。抬头向上，可见到中央大穹顶内巨幅马赛克壁画，工艺精湛。

教堂西立面为主立面，设计别致。西立面的造型元素为拱券，共有5个，中央的大拱券较为突出。每个拱券内都有马赛克壁画。拱券用带有高高的华盖和卷叶饰边的壁龛间隔开来。教堂入口的三面回廊上也覆盖数个由帆拱支撑的小穹顶。拱券两侧不少柱头也呈现出拜占庭风格。教堂在日后的改建中，加设了哥特式的尖塔等。

6.2 罗马式建筑样式与风格

6.2.1 罗马式建筑的起源和发展概述

公元395年，罗马帝国分裂为东西两部分，即东罗马和西罗马。东罗马以君士坦丁堡为首都，即拜占庭帝国。随着罗马帝国日渐式微，文明较为落后的民族大举入侵，并于公元476年灭亡了西罗马帝国。在长达几百年的时间内，西欧处于一片混乱之中。公元9世纪左右，西欧曾一度统一，后又分裂成为法兰西、德意志、意大利和英格兰等十几个民族国家，正式进入封建社会。在5～10世纪的几个世纪里，除了意大利北部的部分地区，古罗马的结构技术和艺术经验几近失传，西欧的建筑并不发达。各个封建国家稳定之后，经济在逐步发展。10世纪后，随着手工业和商业的发展，世俗的市民文化得到发展，建筑规模扩大，城市公共建筑物增多；同时，教会的影响力在不断增长，希望建造一些规模较大的教堂，因此，对结构技术有了新要求。从10世纪起，随着经济的逐步发展，文化交流相对之前频繁了，券拱技术从意大利北部传出进而传遍西欧。由于古罗马时代的拱券是其建筑的主要结构与形式特征，人们便把这一时期的建筑称为Romanesque Architecture，即"罗马式建筑"的意思，也翻译成"罗曼式建筑""罗马风建筑"。一般认为，10～12世纪，为罗曼时期（Romanesque）。

6.2.2 罗马式建筑的样式与风格特征

6.2.2.1 结构特征

罗马式建筑使用了筒形拱和十字拱（图6-7），后又发展了骨架券的做法，其利用了扶壁和肋拱，为哥特式建筑实践打下了先行基础。

6.2.2.2 形制与内部特征

罗马式建筑的代表为修道院教堂，其典型形制为拉丁十字式，一般都由高大突出的中厅、两个侧厅和横厅组成，彼此由墩柱分开。由于采光不足，中厅显得朴素、幽暗而神秘，与华丽的圣坛形成对比。后期随着结构技术的发展，教堂内部利用束柱和肋骨拱强化了教堂内部的垂直构图因素，削弱了沉重感，可以说也是哥特式建筑的先行实践。

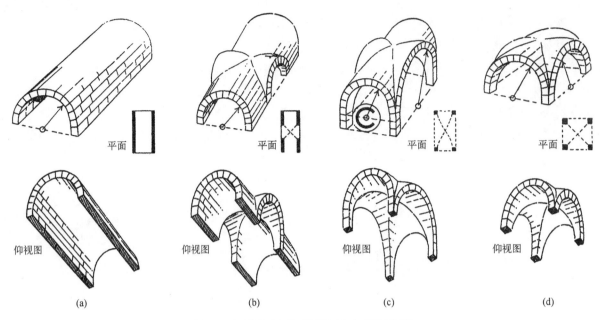

图6-7 筒形拱和十字拱(《世界建筑史(哥特卷)》)

6.2.2.3 外部特征

罗马式教堂墙体厚重而窗小，立面看上去略显沉闷、幽闭。随着发展，后期罗马式建筑在形式和造型上的装饰性得到增强，采用线脚和各种题材的雕刻及装饰带减弱其笨重感，比较典型的做法是用浮雕式的连续小券装饰檐下和腰线，用半圆形连续空券廊装饰墙垣，产生虚实变化和光影对比的立面效果。由于墙体较厚，门窗通常抹成八字，斜面上的装饰线脚可减轻厚重感。中世纪建筑墙体不常用石板等拼贴装饰，常利用削、凿、凸等手法，直接在墙面上进行雕塑化处理，这种方法的结果是造成了墙面的分节。罗马式教堂的整体轮廓充满变化，教堂两侧常常设置塔楼，可能是受到了中世纪碉堡的影响。

6.2.3 罗马式建筑实例分析

6.2.3.1 意大利比萨大教堂

意大利比萨大教堂（图6-8）是罗马式建筑的代表，但由于建造活动跨越的时间太长，所以后来受到了哥特式建筑的部分影响。

主教堂的形制是拉丁十字式的，全长95m。正立面做空券，是意大利罗曼风格的典型手法。

钟塔就是通常所说的比萨斜塔，处在主教堂东南方，平面圆形，分为8层。钟塔构图完整统一，又具有变化：底层不设空券廊，墙上做浮雕式的连续券，稳重敦实却不失雅致；中间6层围着罗曼式的空券廊，这六层的透空券廊与实墙面形成强烈虚实对比和光影变化，同时6层整体比底部显得空灵，和底部形成对比；顶上1层收缩，重量骤然减轻，作为结束。由于地下土层发生塌陷，在建造时便有倾斜，在建造过程中不断进行校正，但没有成功，最后钟楼竖向高度并不是一条垂直线。

洗礼堂也是圆形平面，直径35.4m，总高54m，立面3层，一、二层采用连续券装饰，体现着明显的罗曼式风格。由于建造时间跨度大，后来添加了一些哥特式的装饰。

建筑群都用空券廊做装饰，整体风格统一，浑然一体，空券廊造成强烈的光影和虚实对比，使建筑物没有中世纪的沉闷感，而是显得很清爽明朗。建筑群整体洁白优雅，端庄宁静。

图6-8 意大利比萨大教堂

6.2.3.2 佛罗伦萨洗礼堂

佛罗伦萨洗礼堂（图6-9）是一座罗马式建筑，位于圣母百花大教堂的前面。佛罗伦萨洗礼堂建造时间跨度非常大，因此关于年代的争议非常多。顶楼和拱顶部分明显属于12世纪，13世纪又建造了一些外部的连续拱和内部的镶嵌画与铺石。15世纪，由吉贝尔蒂添加了青铜门，此青铜门是文艺复兴时期里程碑式的作品，

图6-9 佛罗伦萨洗礼堂

被米开朗琪罗称为"天堂之门"。

佛罗伦萨洗礼堂外形单纯完整，整体呈八面柱体，具有纪念性。洗礼堂平面八角形，直径27.5m，西面向外延伸部分原为一个半圆室，其他三面设门。其高约31m。建筑外立面可分为三层，第一层为方形构图；第二层为半圆形的构图，造型方法为连续的半圆形拱券，半圆形拱券内开有较小的半圆券窗，体现着罗马式建筑的主要特征；第三层为方形构图，和第一层形成呼应，和第二层形成对比。立面上的图案是拼贴而成的，用了白、绿两种颜色的大理石。洗礼堂室外各角的"斑马纹"图案，应从比萨传入。内部构图庄重华贵，天花上装饰有马赛克镶嵌壁画，内容为宗教题材，色彩辉煌富丽。

6.3 哥特式建筑样式与风格

6.3.1 哥特式建筑的起源与发展概述

12～15世纪，西欧的代表建筑为哥特式建筑（Gothic Architecture），哥特式建筑主要以法国的城市主教堂为代表。艺术的诞生往往建立在一定的社会经济条件之上，随着农业技术不断进步，粮食的剩余增加，人口也在持续增长，商业活动逐步繁荣，同时，增长的人口向城市流动，手工业和商业的行会得到了大力发展。王室的权力在不断地加强，西欧先进地区的城市和王权相互支持，为摆脱封建领主的统治而进行了持续不断的斗争。法国王室力量得到了增长，逐步将城市纳入了自己的保护之下。其对经济的掌握和王权的扩张使法国国力大幅增强，成为欧洲强国，巴黎也成为大城市。在这样的历史背景下，以巴黎为中心的法国王室领地和它的周围，教堂建筑已然发生了变化，城市的主教堂成了占主导地位的建筑物，从而取代了修道院的教堂，这时期的代表建筑就是"哥特式教堂"。哥特式建筑起源于法国，流传甚广，逐步传播到欧洲各地，这种风格甚至还被带到位于美洲和非洲的葡萄牙和西班牙殖民地里。人们通常认为哥特时期约处于1150～1450年，但在某些地区，这种风格一直持续到16世纪末，甚至更晚。

6.3.2 哥特式建筑样式与风格的特征

哥特式建筑可谓将结构技术、形式美与宗教神学相结合的典范。

二维码 6.1

6.3.2.1 恢宏的结构

结构是形式的基础，哥特式建筑的结构称之为哥特式结构（图6-10），在后期罗马式建筑的一些结构尝试的基础上建立。具有以下特点：

（1）采用尖券和尖拱式框架承重

哥特式结构的拱顶承重结构是骨架券，可以说是一种框架结构，承重和围护部分做了区分，维护部分可以减薄，节省材料，减轻自重。哥特式骨架券是尖券和尖拱，为双圆心，侧推力比较小，是哥特式结构的重要特点。相同跨度的条件下，尖券或者尖拱可以达到更大的高度，不同跨度的拱也可以做到同样的高度位置。因此，哥特式结构极为灵活，同时非常轻巧。空间形式和结构形式息息相关，哥特式结构减少了对平面布局的束缚，使得布置趋向自由。

(2)使用飞券

飞券抵住十字拱4角的起脚部位,抵抗它的侧推力,最后飞券将力传到侧廊外侧的横向墙垛上,这个横向墙垛被称为扶壁。因此,侧廊不受侧推力,卸去了荷载的负担,侧廊的高度可以降低,这样中厅和侧廊可开较大的窗,结构对形体和立面皆产生影响。同时,根据一系列力的传递过程,哥特式建筑的结构在拱的设计中引入系统和次序,形成一套完整的受力体系,是结构技术的巨大进步。

6.3.2.2　中世纪西欧典型的形制

哥特式主教堂的形制基本是拉丁十字式的。在法国,通常为一个横厅,东端设置多个小礼拜室。在英国的主教堂,正厅很长,通常有两个横厅。

6.3.2.3　向上升腾的内部空间与造型

哥特建筑的空间与造型特征亦建立在结构体系的基础上。室内的空间为大纵深,比例狭长,向上升腾,加之竖向的线条,这种激烈向上的空间印象得到进一步的增强。造型的线形特征是哥特建筑的标志性特点,柱墩、室内分隔墙壁和室外的结构部件被细的线条进行深入的划分,一直向上,轻灵延伸,直达拱顶肋券上。墙壁空灵,束柱攀升,顶端分叉成一条条肋拱,柱身和肋拱构成的线条集合,线形元素细却具有支撑感,因此又给人纤细、轻盈之感。当人的视线沿着垂直的柱身向上攀望,从视觉到身心会产生一种向上腾升的感觉,好像脱离了重力的吸引般向上升起,向上的氛围完全地主导着哥特式建筑(图6-11)。

哥特式建筑的墙面比例大大缩小,整个开间几乎都被窗占据。窗为彩色玻璃窗,形状为尖券状或者圆形,彩色玻璃窗营造了五彩斑斓、绚丽多姿的效果。

6.3.2.4　复杂的外部形体

哥特式建筑的外部形体风格多因工期久长而

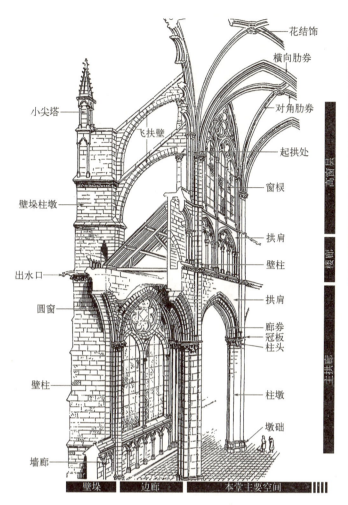

图6-10　亚眠主教堂主要结构要素(《世界建筑史(哥特卷)》)

图6-11　亚眠主教堂内部(《世界建筑史(哥特卷)》)

包含多个时期特征。外部形体细节多样而复杂，装饰烦冗，例如精心雕琢的大小尖塔、雕像等都是其外部形体装饰元素。飞扶壁、拱肋，既是承重构件，同时也为装饰构件，在外形上展示出繁复多样的造型。法国哥特式建筑的西立面构图相对稳定，几乎形成典型程式。一般为一对塔夹着中厅的山墙，形成三部分，这三部分利用水平方向上连贯的雕饰和立面上重复的装饰母题形成统一的整体。

6.3.3 哥特式代表建筑案例分析

6.3.3.1 巴黎圣母院

巴黎圣母院（图6-12）位于法国巴黎塞纳河中的西岱岛上，是巴黎大主教莫斯·德·苏利决定兴建的，建于1163～1250年。巴黎圣母院是第一个成熟的哥特式教堂。

巴黎圣母院的平面为拉丁十字式，教堂十字形的两翼并没有凸出，短横厅是法国哥特式教堂的

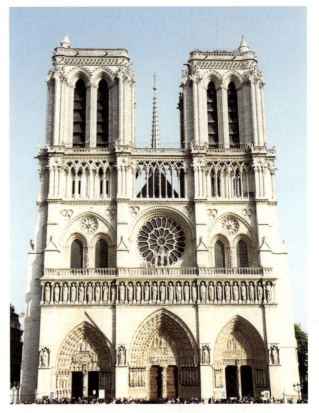

图6-12　巴黎圣母院

特征之一。教堂中厅空间狭长，纵向导向感极强，内部空间竖向高耸挺拔，向上的动势亦较强。中厅长约127m，深为12.5m，高度达32.5m，可以容纳约9000人。教堂的中厅与侧廊用圆柱进行分隔，而不是用束柱式拱廊进行分隔。十字形平面的形成没有依靠两翼的凸出，而是中厅和两侧的塔楼配合，整体构成拉丁十字形平面。中厅两侧的侧廊为双层，第二层侧廊宽度为下层侧廊的一半，从而将侧面的飞扶壁和支撑其的墙墩展现出来。教堂内部的装饰较朴素，但玻璃窗色彩鲜艳。

巴黎圣母院的外立面装饰节制而理智，展现了早期哥特式教堂的特点。西立面对称，垂直分为三部分，两侧为塔楼，构图匀称而严谨。立面沿水平方向分为三层。最下面的一层为三个门，门的线脚层层缩进，在设计时考虑了透视，从而增加了视觉上的深度。大门之上设水平壁龛，这是一条水平雕刻带，排列着28位古代以色列和犹太国王的雕像，在构图上起到了加强整体感的作用，将立面水平方向联系起来。中间一层设玫瑰窗，两侧为尖拱窗，中部为圆形大玫瑰窗。窗的上部设水平带，水平带为尖拱窗楣，水平带又一次将立面左中右部分联系起来，再次增加了整体感，最上面一层为两侧突出的塔楼。总体来说，西立面构图严谨，细部的处理也非常精美。建筑的侧面可以看到强劲的飞扶壁，如同骨骼一般，展现结构力量的同时，也展现了形式之美。侧立面横向大厅的山墙也有镶嵌彩色玻璃的玫瑰窗，上下各有一个。

巴黎圣母院曾遭到严重破坏，19世纪教堂修复时在十字形平面的交点处，加建了90m高的尖塔。

6.3.3.2 亚眠大教堂

亚眠大教堂（图6-13）位于法国庇卡迪夫区索姆省的亚眠市，参与设计的建筑师有罗伯特·德吕扎什、托马斯·德科尔蒙、勒尼奥等。亚眠大教堂作为盛期哥特式教堂的代表，同时也是法国最高最大的哥特式教堂。

教堂为拉丁十字平面，规模很大，建筑总长近150m，正厅处宽将近32m，主要拱顶高达42.5m。空间宽

阔，中堂为七跨间，两侧均有侧堂，歌坛为四跨间，歌坛带双侧廊，耳堂亦带侧廊，七个礼拜堂辐射状布置，其中，中间的最长、最大。总体布局规整。

内立面分为三层的，底层为高耸的拱廊，接着设置一条带状拱廊，再往上为巨大的高侧窗。教堂中厅上部的高侧窗布满整个开间，彩色玻璃绚丽多姿，几乎看不到墙面。柱子采用束柱形式，即1颗圆柱上附着4颗细柱，形成束柱。二、三层的束柱变细，向上延伸，与骨架券相接，向上的动势强烈。

在建筑和雕刻艺术方面，亚眠大教堂表现出对传统的继承，这种传统的做法主要来自沙特尔大教堂。但在窗花饰的造型上，其做出了创新和进步，是辐射式哥特风格转型过程中的里程碑。

教堂的立面较为复杂，西立面按照传统，是比较典型的双塔式。

6.3.3.3 米兰大教堂

米兰大教堂（图6-14）位于意大利米兰市中心，是意大利代表性的哥特式教堂，始建于1386年。

图6-13 亚眠大教堂西立面（《世界建筑史（哥特卷）》）

图6-14 米兰大教堂

教堂为拉丁十字式平面，长度达157m。内部空间高大恢宏，大厅由4排巨柱分隔形成4道侧廊，中厅与横厅交叉位置上面是一个八角形采光亭。由于中厅和侧廊的高差不大，高侧窗较小，采光受到限制，内部光线昏暗朦胧。高差处窗细而长，上嵌彩色玻璃。内部的很多哥特式建筑装饰彰显着明显的意大利特色，大部分应属于中世纪晚期。

米兰大教堂用砖建造，建筑外部覆盖着洁白的大理石。立面135座尖塔林立，直刺苍穹，每个尖塔上均设雕像，作为与苍穹相接处的纵向构图的结点。其中，最高的尖塔高达108m，其上设圣母玛利亚镀金雕像，高4.2m。立面华美的窗花格展示着绚烂的色彩，优美的形态。西立面整体为一面大山墙的形状，形状单纯统一，众多的大小尖塔一飞冲天。立面被6座主要尖塔分成5个部分，中上部有3扇尖窗，但中部也设了5扇半圆券窗。半圆券和弧形与三角形山花包含有双重形式语言——文艺复兴和巴洛克时期的建筑形式语言。

6.3.3.4 科隆大教堂

科隆大教堂（图6-15）位于德国科隆市中心的莱茵河岸，是欧洲北部最大的教堂。作为德国最为重要的最高的哥特式教堂，同时也是世界第三高的教堂，巍峨而壮丽。科隆大教堂始建于1248年，建设历经坎坷，建造时间跨度达500多年。作为德国杰出的哥特式教堂，与巴黎圣母院、梵蒂冈的圣彼得大教堂一起并称世界三大教堂。

科隆大教堂平面为拉丁十字式，五进，有四道侧廊，内部空旷。教堂内明晰密集的束柱从地面生长出来直达拱顶，竖向高峻峭拔，向上的动势非常强烈，表现着哥特式建筑的典型特征。教堂的四壁布满彩色玻璃窗，呈尖拱形，窗棂轻灵。

建筑的外部同样表现出通天般的峭拔，横向线条弱化，两座尖尖的高塔巍峨雄壮，直冲苍穹。另外，无数的尖塔矗立在扶壁上，墙上有很多尖拱窗，很多小尖塔配以精巧的尖券都在垂直向上升腾，气势冲天。

建筑构件雕刻精微，玲珑剔透，加之轻灵的尖券和纤细的束柱，整体轻盈。

图6-15 科隆大教堂

第 7 章
文艺复兴时期建筑样式与风格

素质目标
- 培养学生批判性思维能力，鼓励学生从不同角度审视和评价文艺复兴建筑及其对后世的影响；
- 认知文艺复兴建筑的美学价值，培养学生的艺术感知力；
- 引导学生理解文艺复兴建筑如何融合古典美学与人文主义精神，培养人文主义理念。

7.1 文艺复兴运动的起源与发展概述

7.1.1 文艺复兴的起源与实质

二维码7.1

文艺复兴一般指公元14～16世纪在欧洲发生的一场资产阶级文化运动。它起源于意大利，后传播到欧洲其他国家。这场运动是一场科学与艺术的革新运动，带来了前所未有的繁荣景象，涉及面极广，是中世纪转向近代的开端，拉开了近代欧洲历史的序幕。

"文艺复兴"一词英文为"Renaissance"，这个词最初是由乔治·瓦萨里提出来的，他是十六世纪中期的意大利艺术史学家。直到十八世纪，思想家们回望历史、总结历史，"文艺复兴"才被法国启蒙思想家伏尔泰列为人类文明史上最光辉的时期之一。

资本主义经济的萌芽起源于意大利的佛罗伦萨。13世纪的欧洲社会依然处于教皇统率之下，制度依然为封建的政治制度，但历史永远在前行，这样的模式被新的资本主义萌芽所打破。意大利在中世纪就建立了一批独立的、经济繁荣的城市共和国。佛罗伦萨在经济上得到大发展，以毛织和银行带头的工商业具有了较明显的资本主义性质，企业主为资本家，工厂作坊的劳动者为雇佣工人，他们在数量上占据优势，成为全城人口的大多数。佛罗伦萨的农奴制早在13世纪末就已被废除，因此，经济基础决定了相应的政治要求，工商业组成的"七大行会"掌握了城市政权。"七大行会"带有明显的资本主义色彩，只有资本家或城市上层才能加入。1293年，佛罗伦萨政府制定《正义法规》，限制了贵族的权利。现在看来，当时的佛罗伦萨共和国已经具备了明显的资产阶级政权特征。因此，在佛罗伦萨新的政治经济背景下，新思想、新文化、新艺术等激昂地发展起来，文艺复兴运动从此起源。

除了意大利的佛罗伦萨，资本主义经济的萌芽在尼德兰（包括今荷兰及比利时）也产生较早。16世纪时，由于法国、英国和西班牙王权兴盛，王权和市民阶级为反对封建割据相互之间有所支持，城市经济得到一定发展，为文艺复兴思想文化的传播创造了一定条件。

文艺复兴运动的实质是资产阶级与封建势力的斗争在思想文化领域的表现，核心是人文主义，抵制宗教神学，力图挣脱教会和封建势力的捆绑。文艺复兴的武器是古希腊和古罗马的思想文化，他们借助古典文化，自由地表达思想和情感、以人为本，倡导古典文化的精神。新的思想和文化在前进的过程中充满曲折，封建势力力图反击，因此，文艺复兴运动是在斗争中进行，但取得了百花齐放的成就。

总体来说，文艺复兴建筑最早发源于15世纪意大利的佛罗伦萨，此时为文艺复兴早期；16世纪起得到了广泛传播，此时以罗马为中心，盛期文艺复兴到来，同时开始传入欧洲其他国家；16世纪末，意大利的文艺复兴表现出衰退之势，在其北部的维琴察和威尼斯保持延续；17世纪起，意大利经济衰退，巴洛克风格兴起，意大利文艺复兴建筑基本结束。由于传播和发展的滞后性，在欧洲其他国家，文艺复兴的时间延续到更晚。

7.1.2　文艺复兴的建筑理论

这一时期，建筑师大量研究古代遗迹和古代文献，例如维特鲁威的《建筑十书》。这时期的建筑理论家们具有唯理主义倾向，认为美具有客观性，建筑美的本质在于"和谐"和"比例"，并须取得整体的完整，认为"和谐"和"比例"等构图的原则是几何和数的和谐；他们对比例精准要求，严格推敲和把控柱式。到文艺复兴晚期，维尼奥拉制定了《五种柱式规范》，"五种柱式"即塔斯干柱式、多立克柱式、爱奥尼柱式、科林斯柱式、混合柱式，成为规范样式。

文艺复兴时期，意大利的建筑理论家们开始写作建筑论文，这是建筑理论发展的里程碑。建筑师们的论著最初是以手写本传播，直到15世纪中叶以后，印刷术传入后，论文才得以刊印出版，传递建筑理论。阿尔伯蒂的《论建筑》是文艺复兴极具影响力的建筑理论巨著，其内容构成了文艺复兴建筑的基础。另外，帕拉第奥的《建筑四书》也是文艺复兴的重要著作。维尼奥拉和帕拉第奥的著作后来成了欧洲建筑师的教科书，以后欧洲的柱式建筑，大多根据他们定下的规范。帕拉第奥对英国建筑的影响比较大，维尼奥拉的影响主要在欧洲大陆。

在文艺复兴时期，建筑画技术得到了很大的改进。布鲁内莱斯基创造的线条透视图使建筑师能够直观地表现他们的设计和古迹研究成果，并使透视学自维特鲁威以来，首次发展成为一门新的学科。后经更多人的努力探索，透视学越来越完善，图勒大教堂的议事司铎让·佩尔兰发表的《透视技法》，是全面论述透视的第一部著作。

文艺复兴是一个巨人的时代，才华横溢的文艺复兴巨匠们不仅留下了大量叹为观止、精彩绝伦的建筑作品，同时留下了丰厚的理论著作，成为后人宝贵的文化财富。

7.2　文艺复兴时期建筑样式与风格特征

文艺复兴时期在建筑领域主要表现在重新发掘古罗马建筑（意大利文艺复兴中占主导地位）和古希腊的造型法，并应用到新的建筑创作当中。文艺复兴时期的代表建筑范围较大，不仅包括教堂，在人文主义思想的影响下，建筑的中心由教堂转向府邸、别墅、市政厅、行会大厦、广场、园林等世俗建筑之上。

总体说来，文艺复兴时期的建筑旨在复兴古典的建筑风格与样式，对抗尖券、尖塔、垂直向上的束柱、飞扶壁等中世纪象征宗教神学的哥特式风格，主要追求古罗马与古希腊的柱式与风格，将半圆形券、圆形穹窿作为构图要素之一，将哥特式抵制的集中式构图作为创作的主题，轮廓规整，形体条理性强，构图重视比例，整体统一。在具体实践过程中受到诸多因素和传统的影响，例如引入罗马式、拜占庭的元素等，在人文主义的影响下,建筑师们的创造性得到充分发挥。文艺复兴时期的建筑结构没有太大的创新,仍利用了传统的结构做法,但施工水平较高。

7.2.1 文艺复兴初期

文艺复兴初期的建筑处于探索时期,体现着文艺复兴特有的创造精神,建筑流露出清新之风。佛罗伦萨是早期文艺复兴运动的中心,一般认为佛罗伦萨大教堂穹顶的设计与建造标志着文艺复兴运动在建筑领域的开端。初期的代表建筑师为布鲁内莱斯基,他在建筑中的尝试,体现了文艺复兴早期的样式与风格。总体看来,文艺复兴早期是一股清流,到处洋溢着创造的热情,无所拘束,从布鲁内莱斯基的作品来分析,早期的文艺复兴建筑继承了部分罗马式建筑的传统,并非完全复兴古罗马的样式。有一种可能是,限于当时的认知与考古条件,一些建筑师把罗马风时期的建筑当成了古罗马时期的建筑遗存。布鲁内莱斯基在创作中也引入了拜占庭的技术和样式。阿尔贝蒂古典理论深厚,对维特鲁威和古迹的研究细致入微,创造性地复兴古罗马样式,所用到的古罗马建筑母题更加纯粹。这时期的代表性建筑以布鲁内莱斯基的作品为主,比例简单、构图简洁清晰,体现着古典的理性之风。

7.2.1.1 佛罗伦萨大教堂穹顶

佛罗伦萨大教堂穹顶(图7-1~图7-3)作为意大利文艺复兴建筑史开始的标志,将人文主义影响下的创造精神展现得淋漓尽致。佛罗伦萨大教堂的穹顶不仅是布鲁内莱斯基最为伟大的成就,也是文艺复兴时期里程碑式的创举。

图7-1 佛罗伦萨大教堂1744年的版画(《世界建筑史(文艺复兴卷)》)

在布鲁内莱斯基接手穹顶之前，建筑师坎皮奥就已经对中世纪的禁忌进行了突破，他将东面歌坛设计成集中形制，用穹顶覆盖，具有创造性。也有文献提到，布鲁内莱斯基接手之前，穹顶已经确定采用八边形的鼓座、有尖拱式穹窿的外观和双层壳体的方案，但穹顶具体的设计实施和建造是由布鲁内莱斯基完成，他为穹顶的设计和建造付出了非凡的努力，用了将近20年进行探索，将古代和当时的工程技术进行钻研并以此为基础，创造出完美的穹顶造型。为了使穹顶成功建造，他还进行了小规模的尝试，在佛罗伦萨建了两个较小的半球形穹顶，来试验其是否可以成功。1420年，穹顶实际工程开始，到1436年，穹顶结构主体部分和承顶塔的基部（不包括顶塔本身）才得以完成，在采光亭快要完成时，布鲁内莱斯基去世，但伟大的穹顶基本成型。大理石采光亭由米开罗佐和贝尔纳多·罗塞利诺完成。

佛罗伦萨大教堂穹顶置于12m高的鼓座之上，穹顶得到了充分展现。布鲁内莱斯基将建造哥特式肋券结构方面的经验充分应用到新的尝试当中。他将作为承重构件的垂直肋券和水平结构方式进行结合，24条肋券加9道平券形成骨架，这些券都由大理石砌筑，券在顶上收环，环上压采光亭，结构

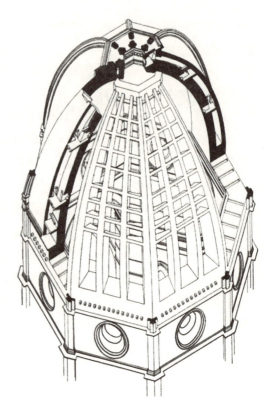

图7-2 佛罗伦萨大教堂穹顶结构剖析图（《世界建筑史（文艺复兴卷）》）

图7-3 佛罗伦萨大教堂穹顶现状

稳定，这样就形成了一个很稳固的骨架结构。穹顶的轮廓为双圆心矢形，尖矢的侧推力比圆拱小很多；穹顶分内外两层壳体，中间为空，双层的壳体可以减轻结构的自重。虽然每层壳体都是八边形，但是整个穹顶结构依然呈现出优美的圆形。布鲁内莱斯基设计了层层盘旋而上的人字形余向砖砌法，并且通过转角和中间的拱肋将各层壳体进行连接，也采用了石料和木质的防滑链。人字形砌合法在佛罗伦萨其他穹窿的建造之中被继续使用，而双层壳体结构对欧洲后来建造的穹窿产生了深远的影响，例如圣彼得大教堂。

佛罗伦萨大教堂穹顶的工程施工技术高超，布鲁内莱斯基在建造它时没有使用脚手架来支撑，在建造中设计了机械提升装置。佛罗伦萨大教堂穹顶高高居于鼓座之上，穹顶的美得到充分展现，成为城市的视觉中心，体现着人文主义的胜利，吹响了文艺复兴的号角。

7.2.1.2 佛罗伦萨育婴堂

布鲁内莱斯基建造的佛罗伦萨育婴堂（图7-4）被认为是最早的文艺复兴建筑。这个建筑物面向广场一侧的楼下部分为券廊，采用科林斯柱式，开间宽敞，风格轻快。楼上部分为较大面积的水平墙面，采用小窗户、细线脚，檐口轻薄，上下层的轻巧风格相呼应，虚实对比很强烈。券廊由圆柱和半圆拱券构成，为古罗马末期到中世纪初期常用的一种建筑形式。在以佛罗伦萨为中心的塔司干地区，这一传统影响到整个罗曼建筑时期，也可以说，育婴堂的券廊为该地区的罗曼建筑传统的继承，但廊子的结构是拜占庭式的，每间都用帆拱承接穹顶。

图7-4
佛罗伦萨育婴堂
《图说西方建筑简史》

7.2.1.3 巴齐礼拜堂

巴齐礼拜堂（图7-5）是布鲁内莱斯基的又一代表作，是文艺复兴早期的典型代表性建筑，闪烁着创造之光，展现着文艺复兴早期的风格特征。

这座建筑位于佛罗伦萨圣十字教堂的侧院里，规模不大，为平面矩形，前设柱廊，横向5开间。教堂采用集中式的形制，正厅的中心上面是帆拱式穹顶，带鼓座，左右两侧筒形拱、前后两侧小穹顶，这种结构和平面布局借鉴了拜占庭的做法。内部和立面的构图皆用柱式控制，立面中央发券，落于下部的科林斯柱子之上，中央开间宽5.3m，中心突出。白色墙面、灰色石柱和壁柱，构架清晰，整体轻盈，风格和育婴堂近似，保持了轻松简雅之风。从细部上看，它所采用的形式更倾向托斯卡纳地区的罗曼建筑，特别是倾向佛罗伦萨洗礼堂（当时的人们相信它是一个古代遗存）。它所采用的支撑在柱子上的拱券是一些罗曼建筑的标准做法。

这座小教堂是意大利文艺复兴时期首个采用穹顶控制的集中式形制的实例，教堂结构明晰，形体雅洁，体现着文艺复兴时期理性的精神。

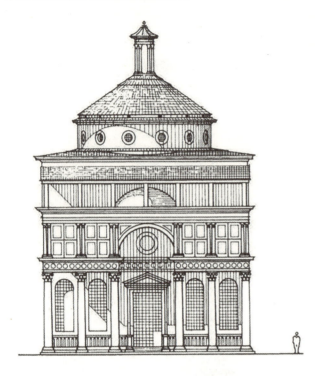

图7-5　巴齐礼拜堂立面复原图（《世界建筑史（文艺复兴卷）》）

7.2.2　文艺复兴鼎盛时期

盛期的文艺复兴，中心转向罗马。柱式的推敲和应用变得更加严谨，建筑的对称式布局更加普遍，雄伟肃穆的纪念性风格得到更多的推崇和欣赏，集中式构图更加成熟，建筑构思具有创造性。

7.2.2.1　坦比哀多

盛期文艺复兴的典型代表为罗马的坦比哀多（图7-6），设计者为伯拉孟特。坦比哀多穹顶的外形完整，被称为西欧第一个成熟了的集中式纪念性建筑物，标志着盛期文艺复兴的开始。坦比哀多是座小神庙，修建在彼得修道院的院子内，体量较小，为集中式圆形建筑物，是圆形平面，外墙直径6.10m，外围柱廊为一圈多立克柱，共16根，柱廊上方的平台上为带有鼓座的穹顶，外围围栏。

集中式的形体，柱式构图、圆柱形的神堂，鼓座上饱满的穹顶，整体比例和谐完美，柱廊虚实对

图7-6　坦比哀多

比，使得建筑层次丰富，也使建筑的体积感更加强烈。精湛的穹顶和穹顶统率下的集中式构图，对后世影响深远。

7.2.2.2 圣彼得大教堂

圣彼得大教堂（图7-7）展现着盛期的伟大成就，雄伟之态亘古未有。该教堂的建造历时百年，规模宏大，先后有10余位建筑巨匠参与该教堂的设计与建造过程，包括伯拉孟特、拉斐尔、米开朗琪罗等。

1452年教皇尼古拉五世提出重建圣彼得大教堂的计划，但是在他去世后，这个计划一度停滞。16世纪初，教皇尤利乌斯二世为了团结重振教会，决定再次重建这个教堂。

教堂的设计竞赛在1505年举行，伯拉孟特的方案被选中。伯拉孟特的方案放弃了传统的巴西利卡形制，他的羊皮纸手稿展现了一个希腊十字形平面，中央大穹顶并带有四个附属穹窿，同时在每四翼的终端设半穹窿的方案，这个设计是集中式的，借鉴了拜占庭东正教教堂的集中式形制，内外明晰和谐。伯拉孟特于1514年去世，之后佩鲁齐、小桑迦洛、拉斐尔等人陆续设计建造，进展缓慢。1547年，米开朗琪罗开始主持设计建造大教堂。他对伯拉孟特的方案做了修改，在教堂的西面设计了入口，并且他设计建造的穹顶富有张力、多根肋架将穹顶向上轻微拉长。但在穹顶未完工的时候，米开朗琪罗去世了（罗马圣彼得大教堂完美的穹顶得以建成归功于米开朗琪罗的坚持与付出，米开朗琪罗为文艺复兴三杰之一，他是伟大的画家、雕塑家、建筑师），由泡达和芳达纳接手继续进行大穹顶工程。1564年维尼奥拉继续设计了大穹顶四角上的小穹顶，引进了拜占庭建筑的要素。1590年，大穹顶终于竣工。不久，建筑师玛丹诺在教皇保罗五世的命令下在教堂的西部加了一段三开间的巴西利卡式。1626年，圣彼得大教堂正式落成。

最终，教堂的平面是拉丁十字形，外部共长212m，翼部两端长137m。穹顶直径将近42m，内部顶点123.4m，穹顶外部采光塔上十字架尖端将近138m，是当时罗马城的最高点，成了城市的视觉中心。穹顶除了

图7-7 圣彼得大教堂

图 7-8　圣彼得大教堂穹顶

石砌的肋，其余部分为砖砌筑。其内外分两层，内层厚度大约3m。这个穹顶的造型极为优美，是球面的，比佛罗伦萨主教堂的穹顶更加饱满、浑圆，获得了更加完美的艺术效果（图7-8）。但是，后来加建的门廊，破坏了造型的完整性，使得穹顶在视线上有所遮挡，影响了造型和透视效果。内部装饰极华丽，雕刻的动态较强，已不是文艺复兴的典雅之风。这座教堂耗费巨大，虽然有不足，但依然是世界上最雄伟的教堂之一。

7.2.3　文艺复兴晚期和手法主义

　　从16世纪中叶起，意大利经济的衰退伴随着贵族势力的抬头，城市共和国都被推翻，宗教改革运动遭受挫败，文艺复兴运动遭遇了挫折。16世纪下半叶，文艺复兴到了晚期。晚期的文艺复兴一方面追求极其严格的柱式规范，甚至到了刻板的地步；另一方面，出现了物极必反的现象，即一些建筑师企图打破柱式的束缚，追求尖巧新异的造型，被称为"手法主义"。意大利文艺复兴晚期主要在维晋寨延续。

7.2.3.1　维晋寨的巴西利卡与帕拉第奥母题

　　维晋寨是帕拉第奥的故乡，维晋寨的巴西利卡（图7-9）是他的重要作品。这个巴西利卡原是一座哥特风格老会堂，建于1444年，1549年帕拉第奥受委托对老会堂进行改造，他增建了楼层，并加了一圈两层高的券柱式围廊。

帕拉第奥设计的立面极具创造性，比例合理，对比强烈，虚实结合，节奏感强。他创造性地将拱与柱进行了结合，立面的每一间都近似于方形，在立面的开间中央发券，半圆形拱券落在两侧的两根小柱上，小柱子距大柱子1米多，小柱与大柱间留有矩形空洞，上面架设额枋。大拱券的两侧各有一个小圆洞设置于柱与拱券间的墙上，可减少承重。原有接近方形的大开间都被分成3个小开间，中间为主要开间，每个开间的构图主次分明，虚实相映，层次感强。这种构图被称为"帕拉第奥母题"（图7-10）。

图7-9 维晋寨的巴西利卡

图7-10 维晋寨的巴西利卡局部（"帕拉第奥母题"构图）

7.2.3.2 维晋寨的圆厅别墅

维晋寨的圆厅别墅（图7-11、图7-12）是帕拉第奥最负盛名的作品之一。它在维晋寨郊外一个庄园中央的高地上，周围环境幽雅，有大片的绿地和树木。这座建筑的平面正方，四面一式，整体布局非院落式，而

图7-11　维晋寨的圆厅别墅（《世界建筑史（文艺复兴卷）》）

图7-12　维晋寨的圆厅别墅剖析图

是采用了集中式布局。建筑二层正中是一个直径为12.2m的圆厅，上有圆形并装饰华丽的穹顶，四周房间对称布置。建筑的四个立面完全相同，四面设入口，四个门廊皆相同，室外大台阶通到二层，内部楼梯较为简易。廊中设计了六根爱奥尼柱式，上设三角形山花。列柱和大台阶强化了第二层在构图上的重要性，明确了它的主导地位。

圆厅别墅的外形由多种形式单纯明确的几何体组成，各种几何体有对比和变化，但主次分明，轴线明确，构图严谨，比例和谐，整体统一而完整。

7.2.3.3 圣马可广场

圣马可广场（图7-13）位于意大利威尼斯市，因广场中心的圣马可大教堂而得名，它拥有世界上最卓越精湛的建筑群，曾被拿破仑誉为"欧洲最美丽的客厅"，体现着文艺复兴时期的城市设计风格。圣马可广场基本上是在16世纪文艺复兴时期完成的。

图7-13　圣马可广场俯瞰

现在的圣马可广场由东西向的大广场和南北向的小广场组成。

大广场的平面为梯形，四面皆有建筑，显得较为封闭，其东端是圣马可大教堂，北侧为旧市政大厦，南侧为新市政大厦。圣马可大教堂是拜占庭风格，立面被改造过多次，如今绚丽多彩，轮廓活泼；旧市政大厦是彼得·龙巴都设计的，为三层；新市政大厦由斯卡莫齐于1582年设计，也为三层，可与北侧的旧市政大厦形成呼应，下面两层按照圣马可图书馆样式进行设计，利于整体和谐。西面原来有一座教堂，于1807年被拆除，后采用圣马可图书馆的样式建造了一个两层的建筑，称为"拿破仑翼"。

小广场南北向基本与大广场垂直，也为梯形，它连接了大广场和大运河口，短边为南端，向大运河口敞开。东西两侧的建筑分别为总督府（图7-14）和圣马可图书馆。总督府在圣马可主教堂的旁边，图书馆和新市政大厦相连。一对来自君士坦丁堡的纪念柱耸立在南端，界定了小广场的空间。离小广场不远处的小岛上有一座圣乔治教堂和修道院，成为小广场的对景。游人隔海相望对面小岛上的优美的建筑，拓展了广场的视觉空间。

图7-14 总督府

　　圣马可广场的建筑物虽然是不同时期陆续建造的,但用了一些相同的构图要素,同时又有造型的对比,所以整体和谐同时充满丰富的变化。广场空间宜人,有封闭和开敞,有转折和变化,有对景,给人舒适和美的感受。

第8章
欧洲17～18世纪建筑样式与风格

> **素质目标**
> - 分析17～18世纪欧洲建筑作品，分析不同风格及其影响，探讨其美学价值与历史意义，培养批判性思维；
> - 在掌握不同建筑风格特征的基础上，理解各种风格所体现的审美观念和社会背景，以及这些观念背后的经济和文化状况，建立唯物主义史学观。

意大利文艺复兴晚期，"手法主义"逐步演变为巴洛克建筑，追求严苛柱式规范的学院风被新兴资产阶级唯理主义影响下的古典主义建筑所吸纳。17世纪末到18世纪初，随着法国王权的逐渐衰微，贵族们开始萎靡，逍遥享乐的生活受到追捧，柔靡风格的内部装饰在他们的私邸当中显现，即洛可可风格建筑样式开始出现。

8.1 巴洛克建筑样式与风格

8.1.1 巴洛克建筑的起源与发展概述

16世纪末到17世纪，罗马诞生了新样式风格的建筑，其特征极为鲜明，具有较强的视觉冲击力，被称为巴洛克（Baroque）建筑。

巴洛克建筑的出现具有一定的历史背景。意大利文艺复兴晚期，罗马教廷的势力重新获得增长。文艺复兴运动不仅带来了古典文化的盛宴，同时，将世俗文化深入人心，教会也受到世俗文化和世俗审美的冲击，建筑艺术倾向于世俗审美，常用金银珠宝等贵重材料来装饰教堂，内部富丽炫目，尘世的审美气息浓重。另外，17世纪的罗马，意大利的艺术家和建筑人才辈出，他们才思敏捷，充满创造性，不愿固守成规，不愿被古典建筑构图的规则所捆绑，他们的创造力和创造的热情如火山喷发一般不可遏制，巴洛克建筑成为他们创造激情的播撒地，成为他们突破规则的精神花园，巴洛克的自由和不拘一格被他们所成就。

巴洛克艺术在传播的过程中，各种因素交织渗透，包含的矛盾性极为复杂，在历史当中，有褒有贬，争议较大。巴洛克风格除了在建筑上表现出明显的特征，广场、街心花园、喷泉和水池也有明显风格，在别墅和园林方面表现出自然主义的倾向。

巴洛克建筑在罗马诞生后，在欧洲进行了广泛的传播。其主要传播到西班牙、德国和奥地利，甚至通过殖民主义政策传播到美洲大陆；在英、法等国，巴洛克风格特征更多呈现于室内装饰方面，如卢浮宫东部，外立面虽然为古典主义风格，而内部装饰是巴洛克风格。

8.1.2 巴洛克建筑的样式与风格特征

巴洛克建筑总体来说，是标新立异，追求不寻常的效果，造型自由奔放不拘一格，甚至到荒诞的地步，装饰多变不被规制所拘，天马行空，冲破古典构图的秩序，是对严谨理性原则的反叛，也有建筑理论家认为是"哥特式思维"的回返。

（1）造型样式喜用曲线，表现动感

一些小教堂采用圆形、椭圆形、梅花形等平面，墙体也呈现出曲面，还有螺旋形的柱子和采光塔、圆形的雨罩和台阶等。空间中的曲线和曲面流转不定，不同位置中的空间形象处在变化之中，充满动感。

（2）柱式的应用刻意追求叛逆与新奇，加强立体感、光影与动态

巴洛克应用柱式时追求新奇、立体与光影，将古典柱式的严谨、理性、秩序抛之脑后，打破结构逻辑和构件的完整性。例如，采用双柱，甚至三柱一组，不在意开间比例；基座、檐部可以打断，山花亦可以打断，甚至缺失；在山花处出其不意地嵌入纹章、匾额或其他雕饰；更有甚者将多个不同的山花奇异地套叠在一起，尽情地表现着任性的创造力，完全没有规则意识。倚柱取代薄壁柱，深深的壁龛凹入墙面，光影强烈。新的建筑形象非常符合巴洛克的本意"畸形的珍珠"。

（3）综合使用壁画和雕刻，和建筑相互渗透，界限模糊，动态感强烈

根据建筑的结构，使用透视的规律做壁画，在视觉上拓展建筑的空间，甚至达到以假乱真的程度，构图和内容动态感强烈。雕刻和壁画、建筑相互渗透，忽略结构逻辑，雕刻的动态感也非常强烈，创造出激动不安欢愉的氛围，经常使用自然主义的题材。

8.1.3 巴洛克代表建筑欣赏

（1）罗马耶稣会教堂

罗马耶稣会教堂（图8-1）开始由文艺复兴鼎盛时期的建筑师维尼奥拉负责设计，直到维尼奥拉去世时，教堂还没有最后完工。于是，教堂的立面部分设计由波尔塔完成，波尔塔将立面改造成了巴洛克风格。耶稣会教堂在建筑历史上可以说处于交汇变化的时期，它的定位也因此而改变，被认为是手法主义向巴洛克风格过渡的建筑，甚至被称为"第一座巴洛克风格的建筑"。

教堂的平面采用了拉丁十字式，又回到了中世纪所惯用的形式。教堂的中厅开阔，十字交叉处上覆穹顶。原本教堂内部质朴，但后来进行了巴洛克风格的改造，内部布满华丽的巴洛克风格的装饰。

耶稣会教堂西立面展露出明显的巴洛克手法与元素，例如应用了成对排列的方形壁柱、圆弧形与三角形双层重叠的山花、起伏的檐口，以及连接建筑主体高低跨在中厅与侧廊外墙之间的巨大涡卷。

（2）罗马四喷泉圣卡罗教堂

罗马四喷泉圣卡罗教堂（图8-2）是由波洛米尼设计，典型地表现了巴洛克的建筑手法。此教堂立面中部凸出，左右两边凹进，形成不安的曲面，宛如波浪般起伏，充满动感，但整体构图稳定。山花断裂，上下两层高的立面有大量的动植物雕刻、栏杆、假窗等奇异的装饰。内部空间大致呈椭圆形，设有深深的凹间，壁柱突出墙面幅度大，凹龛深深凹入，墙面造型复杂，动态强烈，椭圆形流动的空间配以光影强烈的墙面造型，

图8-1 罗马耶稣会教堂

图8-2 罗马四喷泉圣卡罗教堂

使人身在不同位置会感受到不同的视觉变化。穹顶做多种形式的几何分格，穹顶中央开天窗采光。

（3）圣安德烈教堂

圣安德烈教堂由是由巴洛克建筑家伯尼尼设计，是巴洛克建筑的代表作品之一。这座教堂规模不大，平面为椭圆，不是拉丁十字。入口正对圣坛，形成椭圆的短轴，确定了建筑的主轴线，另一个方向是椭圆的长轴。正立面简洁，设计者以巨大的科林斯壁柱作为构图主题，科林斯壁柱上设三角形山花，大科林斯壁柱和门前小廊的一对圆柱形成强烈的对比，标明了尺度，同时造成立面形式的对比变化。内部比较简洁，有椭圆形穹顶，中心位置有天光，顶壁周圈上设置了一些小天使和大理石人物雕像，气氛轻松活泼，大侧窗照明、采光良好。

（4）圣彼得广场

圣彼得广场（图8-3）位于罗马，建在圣彼得教堂前，由巴洛克建筑家伯尼尼设计。

广场由与教堂连接的梯形广场和椭圆形广场两部分组成。中心广场为一个横向椭圆，长轴约340m，短轴约240m，地面铺砌黑色小方石。广场的中心矗立着1586年的方尖碑，在椭圆的长轴上、方尖碑的两侧，各设一个喷泉，凸显了长轴。中心广场的短轴方向和教堂形成空间序列，梯形广场可以看作它们两者之间的空间过渡。梯形广场的地面具有坡度，向着教堂的方向逐渐升高。

椭圆和梯形广场四周均设柱廊（图8-4），柱廊的柱子极为粗壮，数量达到284棵。粗壮的柱子和宽阔

图8-3 圣彼得广场鸟瞰

图8-4 圣彼得广场柱廊

的广场相呼应，也和高大的教堂相和谐。柱子的间距小，内圈的柱子中线距为4.21m，外圈的柱子中线距为5.03m。其柱式严谨，布局极其密集，造成了强烈的光影变化，加上檐头上立着的87尊雕像，展露出巴洛克的构思风格。

（5）纳沃纳广场

纳沃纳广场位于罗马市中心，这里曾是古罗马时代战车竞技场的遗迹。广场平面呈长方形，其中一个长边上矗立着圣阿涅斯教堂，它由波洛米尼设计。广场设有3座著名的喷泉，即四河喷泉（图8-5）、尼普顿喷泉和摩尔人喷泉。四河喷泉处在广场的中央，由贝尼尼设计。这座喷泉的中央为方尖碑，它是杜米善皇帝从埃及掠夺来的，环绕方尖碑的是四座男子的雕像，这4座雕像分别代表4条河——尼罗河、恒河、多瑙河和普拉特河。雕塑动态感很强，配合曲形流动的教堂正面，充满生气和愉悦的气氛，体现了巴洛克的风格。

（6）罗马西班牙大台阶

西班牙大台阶（图8-6）位于罗马城西班牙广场，由设计师桑提斯设计。这里曾经是西班牙驻意大利大使馆的所在地，因此而得名。罗马西班牙大台阶连接高差很大的两条相邻的干道，137步台阶，12个梯段，平面呈曲线形花瓶状。上端有一座双塔高耸的圣三一教堂，下端为船形大喷泉，两段曲线梯段如破浪般向上延伸，充满动感而宏大，具有明显的巴洛克风格，成为广场的视觉中心。

图8-5 纳沃纳广场的四河喷泉

图8-6 西班牙大台阶

8.2 法国古典主义建筑样式与风格

8.2.1 法国古典主义建筑的起源与发展概述

　　17世纪初，法国建成了绝对君权制度，17世纪下半叶到达专制政体的顶峰，法国由此形成了新的文化潮流——古典主义，宫廷文化成为法国古典主义的代表。法国古典主义以唯理论为哲学基础，在建筑方面，16世纪下半叶即意大利文艺复兴晚期刻意追求柱式的严谨和纯正的学院派理论及唯理论相统一，被法国古典主义吸收、利用，形成绝对君权时期的建筑风潮。柱式构图之所以被17世纪的法国古典主义吸纳，是因为柱式构图不仅符合唯理论的哲学理念，也符合唯理论在政治方面的体现。其构图具有一定的规则，在意大利文艺复兴晚期又有理论家制定了严格的柱式规范，这正符合专制政体要在一切方面建立有组织的社会秩序的理想。古典主义中的一些原则，例如主从、秩序、对称，完全符合了国王正在竭力强化的封建等级制的政治观念。另外，专制政体也需要庄严恢宏的建筑来颂扬王权。法国古典主义的代表建筑为宫廷建筑。

8.2.2 古典主义的样式与风格特征

早期的古典主义注重理性、讲究节制、结构清晰、脉络严谨，体现着古典主义的精神。

盛期的古典主义理论发展成熟，否认情感美，不依赖于经验、感觉和习惯，倡导理性，反对表现感情与情绪，认为艺术需要有严格、明确、清晰的规则和规范。将柱式作为构图基础，利用柱式控制整体，对柱式的比例要求严苛。巨柱式构图较多，使水平分划简洁化，突出巨柱式部分。古典主义建筑的构图简洁明晰，突出轴线，主次分明，从而获得完整、和谐、统一的效果。

除了巨柱式程式化构图，古典主义还发展了一种"横三竖五"的构图，把建筑物立面上下分3段，左右分5段，都以中央一段为主，予以突出。这种构图有起有终，主次分明，构图完整，反映着以君主为中心的等级制的社会秩序，体现着唯理论的理性，例如卢浮宫东立面。法国古典建筑装饰往往集中在凸出部分，这些凸出部分，由中世纪的碉堡塔楼逐渐演变而来，而是意大利府邸所没有的，是法国古典主义建筑的重要特点之一。虽然古典主义理论排斥装饰，在实际的古典主义建筑中，室内装饰中常常体现着巴洛克的元素。

8.2.3 古典主义代表建筑与广场欣赏

8.2.3.1 麦松府邸

麦松府邸（图8-7）是由孟莎设计，是法国古典主义早期的代表作。麦松府邸共2层，平面为U形，包含一个主楼和两个小侧翼，屋顶为高高的坡顶，屋顶有阁楼，并设老虎窗和高烟囱，体现着法国传统建筑元素。建筑构图延续了法国16世纪以来的5段式立面，即竖向构图划分为5段，左右对称，横向划分为3段，严格按照古典主义叠柱式的章法。构图由柱式全面控制，府邸中央部分的高度得到强调，中心突出，整体建筑表现出注重理性而节制、结构明确、构图严谨的精神，体现着法国古典主义的建筑特征。

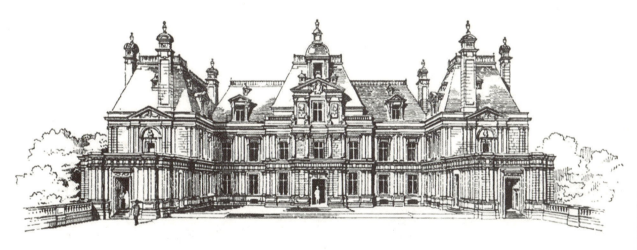

图8-7 麦松府邸（《世界建筑史（文艺复兴卷）》）

8.2.3.2 卢浮宫东立面

卢浮宫始建于1190年，当时为菲利普·奥古斯特二世皇宫的城堡。1546年，弗朗索瓦一世下令拆毁老城堡，对卢浮宫进行新的设计和建造。经过长久的建设，在17世纪60年代初，卢浮宫基本落成，但当时封建王权兴盛，它旧有的风格和当时国王想要标榜的绝对君权已不能匹配。卢浮宫东立面对着一座重要的皇家教堂，它们之间有一个广场，这个广场联系着塞纳河上通向巴黎圣母院和王家礼拜堂的桥梁，整个建筑群彰显着重要的政治意义，于是，东立面开始重新设计改造，使它适应绝对君权的政治要求。

卢浮宫东立面设计方案的确定可谓一波三折。路易斯·勒伏最初为巴黎卢浮宫东立面所做的设计方案被否定，后一度转向意大利的建筑，向他们征集方案。意大利著名的建筑师伯尼尼也曾呈交方案，但最后被否定。1667年，路易十四批准路易斯·勒伏、查尔斯·勒勃亨和克劳德·彼洛合作设计卢浮宫东立面，并于1674年完成东立面的建造。

卢浮宫东立面（图8-8、图8-9）全长约172m，高约28m，上下分三段，三段是一个整体，形成一套完整的柱式。底层是朴素的基座，高9.9m；中段是整齐排列的科林斯式双柱，它们是贯通2层的巨柱，高13.3m，并形成了一条连续的檐部，以强调整个建筑的横向，这是主体部分。科林斯式双层巨柱形成的空柱廊，简洁而富有层次。中央和两端各有凸出部分，将立面分为5段。中央部分用倚柱，中部独立的柱子形成了高大而出挑较浅的敞廊。这种加大柱间间距的新颖母题对接下来一个多世纪的法国建筑都产生了影响。两端的凸出部分用体积感次于倚柱的壁柱装饰，中央部分突出，因而主次分明，主轴线很明确。东立面上下分3段，左右分5段，都以中部作为构图的中心和重点。卢浮宫东立面和谐而完整，构图反映着以君主为中心的绝对君权和社会秩序。另外，中央部分是一个高和宽都是28m的正方形，两端的凸出体高和宽都是柱廊宽度的一半，为24m。这些几何数字关系反映了法国古典主义的唯理论哲学基础，强调了比例和数字关系。建筑采用平屋

图8-8
卢浮宫东立面全景（《图说西方建筑简史》）

图8-9 卢浮宫东立面局部

顶，没有使用法国民族传统建筑中的高坡顶与老虎窗。总之，卢浮宫东立面是古典主义的典型。

8.2.3.3 凡尔赛宫

凡尔赛宫（图8-10）原先是由路易十四的父亲于1624年作为猎庄而建造的，当时的猎庄为三合院式。1661年，路易十四开始发动当时法国最杰出的艺术和技术力量，并举全国之劳力，建造欧洲最恢宏的宫殿。1682年，在凡尔赛宫尚未完工时，路易十四宣布将法国宫廷从巴黎迁往凡尔赛，强迫几乎所有王公贵族一同迁居于此，这可以方便他有效地进行绝对君权的统治。这项工程前后延续了一百多年，勒·沃、芒萨尔和加布里埃尔先后成为工程负责人。建成后的凡尔赛宫是欧洲最大的王宫，是法国绝对君权时期最重要的纪念碑。

图8-10 凡尔赛宫

1661年，安德烈·雷诺特设计了一座布置规整的花园（图8-11），林荫道、树林和河道都采用了几何构图。中央的东西向主轴长达三千米，规模宏大。中间有一条巨大的十字形河道，称为大运河。采用对称式构图，但中轴线两侧的园林构图并不完全相同，统一之中有变化。园里还散布着雕像和喷泉。

图8-11 凡尔赛宫花园局部

1668年，国王命令勒·沃做一个保留路易十三旧有猎宫的方案，方案要最大限度地与现存老建筑融合。旧宫邸为三合院，向东敞开。经勒·沃设计，原来宫邸的前院作为"大理石院"保留了下来，在旧三合院的南、北、西三面建了一圈新建筑物，旧建筑被新建的建筑群所环绕。这个构想就是要让建筑以一种新的形式和尺度来标榜绝对君权。后来，两臂又向东延伸，并向南北两个方向伸展，最终形成一座规模极为宏大的建筑体。有25个开间的正立面矗立于一系列层层抬高的台阶之上，中央11间是凹阳台。路易十四就居住在正中央，标榜着绝对君权的秩序。其立面也是以柱式为核心的法国古典式构图，同卢浮宫东廊一样采用了缓坡顶。在室内，勒·沃设计的"大使台阶"颇具特色，两条坡道从设置在中央的几级台阶处分成两股，这一想法或许来自枫丹白露宫。

　　1678年，于·阿·孟莎造了一个长达19间的大厅，即镜廊（图8-12），它是凡尔赛宫最主要的大厅，用于举行重大的仪式，它原是由勒·沃建造的连接国王寝宫与王后寝宫的一个露台。镜廊长73m，宽10.5m，高12.3m，是一个狭长形平面。大厅的内部装修全由勒勃亨负责。大厅西面的墙有17扇圆拱窗，大厅的东墙上安装了17面大镜子，和对面的窗相对而呼应，这也是镜廊名称的由来。大镜子增大了人的视觉空间，增强了室内装饰的绚丽效果。镜廊的墙面用大理石贴面，颜色淡雅。科林斯式壁柱，柱身用清丽的绿色大理石，而柱头和柱础为铜铸的，将"展开双翅的太阳"作为柱头上的装饰。镜廊装饰烦冗，金光灿灿，富丽堂皇，采用了大量意大利巴洛克式的手法，利用镜面营造光线的手法预示着后来流行的洛可可风格。

图8-12　凡尔赛宫镜廊

　　1742年，加布里埃尔提出的全面重建王宫的计划未能实施，但他的改建方案用于皇家歌剧院和小特里阿农宫（图8-13）。小特里阿农宫位于凡尔赛宫花园中，它的造型采用了典型的古典主义构图。建筑处在高高的基座上，平面为正方形，立面呈三段式，门廊设4根科林斯柱子，整体比例适宜，构图严谨简洁，轮廓清晰。小特里阿农宫的造型风格显示了帕拉第奥的影响，但相比之下，小特里阿农宫更强调垂直的线条，没有使用山花。其内部放弃了洛可可装饰风格，趋向于严肃稳重的古典主义，虽然使用了大量的镶板和镜子，但总体节制。

8.2.3.4　恩瓦立德新教堂

　　恩瓦立德新教堂（图8-14），也有人称之为巴黎荣军堂，是路易十四下令建造的一座可容纳4000人的伤残军人收容所的附属教堂。它由于·阿·孟莎设计，是法国第一座古典主义教堂。

图8-13
小特里阿农宫（《世界建筑史（新古典主义卷）》）

图8-14　恩瓦立德新教堂

它的平面为希腊十字式，四角上是4个圆形的祈祷室，教堂是集中式体形。平面的中心上部覆盖着穹顶。穹顶部分由带有壁柱的墙身、鼓座、穹顶和采光亭构成。其鼓座高举，穹顶外形饱满，高达105m，是构图的中心，整体形成了纪念性风格。穹顶的下面为教堂主体部分，横向划分为2层，入口处为向外凸出的柱廊，共两层，两层中间部分的三开间柱廊上顶着小山花。其平面理性，外形简洁，完整和谐。外形局部有巴洛克的元素，例如鼓座的檐部断折并设置了倚柱，采光亭进行了扭转，穹顶表面的12根肋之间设有贴金装饰，阳光下显得异常华丽。

穹顶设计巧妙，分三层，内层石头砌，中间一层用砖砌，外层用木屋架支搭，覆铅皮。里外两层轮廓相差较大，可以使内部空间具有良好的效果，也可以使外部形体拥有良好的饱满的造型。内层穹顶的正中设圆洞，外层穹顶内表面上的耶稣基督像可以通过圆洞被看到。由于外层穹顶的底部开窗，画面很亮，所以教堂内部采光良好，装饰较少，柱式组合表现着庄严而严谨的古典主义风范。

8.2.3.5 旺道姆广场

旺道姆广场（图8-15）是巴黎重要的都市广场之一，由于·阿·孟莎负责设计建造，是法国历史上绝对君权时期路易十四统治时期的见证。

广场平面为抹去四角的长方形，长141m，宽126m。一条大道贯通广场短边的中央，在广场的纵向形成一道轴线。广场中央原放置着路易十四的骑马铜像，后拆除。拿破仑一世在原位上建造了一座高43.5m的纪功柱，纪念其在1805～1807年间对战俄国和奥地利的胜利。其样式模仿古罗马图拉真纪功柱，外包青铜实为石制。柱顶上立拿破仑像，柱身覆着螺旋形铜铸浮雕，以战争的场面为内容，以宣扬拿破仑的赫赫战功。

除了短边的大道，广场四周均被建筑包围，封闭性强。建筑横向划分为3层，底层是自重块石的券廊，作为整体的基座，廊里设商店；中间部分为两层的住宅，外墙面由科林斯巨柱式壁柱作为装饰；屋顶为坡顶，带老虎窗。建筑横向三段式与巨柱式的构图体现着古典主义的特征，但是高坡屋顶和老虎窗又体现着中世纪的特征元素。广场两个长边的中央与广场四角转角处的墙面上有由圆柱和三角形山花组成的凸出体，以标明广场的横向轴线和中心。广场整体规划工整、主从关系明晰、立面和谐统一、条理性强，体现着明晰的古典主义特征。

图8-15　旺道姆广场

8.3 洛可可建筑样式与风格

8.3.1 洛可可建筑的起源与发展概述

到了17世纪末和18世纪初，法国对外作战失利，经济困顿，资产阶级力量持续加强，其谋求政治权利的斗争在不断进行，专制政体逐渐衰落，宫廷的鼎盛已成为过去，贵族们的阳刚之气受到打击，转而追求安逸享乐的生活，这代表着绝对君权尊严、秩序、等级、理性的古典主义被厌弃，一种轻松自在、柔靡轻佻而媚人的艺术风格出现了，即洛可可风格出现了。

洛可可风格在各个艺术领域皆有反映。在建筑上，较为明显地表现在府邸的室内装饰上，但更深一层地探究其文化精神的内涵，府邸的功能布局也受到了洛可可风格的影响，部分建筑外形也有少量这种风格的元素。城市广场的风格和古典主义时期有了明显的区别，同样受到洛可可理念的影响。另外，园林艺术摒弃了先前的几何化转而追求自然。

8.3.2 洛可可建筑的样式与风格特征

（1）室内装饰特征

贵族府邸的室内装饰是洛可可风格的主要表现阵地。总体来说，洛可可室内装饰风格的特点为柔媚轻巧、纤细甜美，竭力塑造一种温馨亲切的氛围，排斥建筑的母题与法则，摒弃严肃和冷峻。

在造型上，直棱直角被摒弃，C形和S形等温婉纤巧多变的曲线最受喜爱；丰满和体积感被摒弃，弱化立体感，薄浮雕和纤弱的线脚成为流行的风潮，从而塑造一种轻巧愉悦的格调。室内装饰多以贝壳、藤蔓、卷叶和花卉为主题，装饰母题遍布室内，构成了镜框、门窗框、壁炉架等，极为繁缛，造型追求自然形态而放弃对称式构图。

室内装饰所用的色彩娇艳，如嫩绿、粉红、猩红等，浮华而轻佻。线脚常常施以金色，显示着贵族的富丽。追求光泽感，喜爱塑造光滑润洁闪烁迷离的气氛，壁炉大理石、墙面的镜子皆润泽而发亮，水晶吊灯和镜前烛台摇曳生辉。

（2）功能布局特征

古典主义的建筑立面与布局皆为对称形式，内部的功能如果完全服从立面和形体，功能的需求并不能得到最合理化的满足。这一时期的中小型府邸盛行，其设计追随帕拉第奥，但为了使内部功能使用合理化，内部功能布局采用不服从外部形体的方案。这也可认为是古典主义的妥协与改进，也可认为是受洛可可精神内涵的影响。

8.3.3 洛可可代表建筑欣赏

（1）巴黎苏比斯府邸

巴黎苏比斯府邸的外观为古典主义风格，但其内部的椭圆形客厅是洛可可早期的代表作，由法国建筑师勃夫朗设计。苏比斯府邸室内装饰（图8-16）不再用体积感强烈的雕塑与壁柱，而是采用薄浮雕、镶板和镜子做装饰，客厅环墙面嵌入大拱门，明亮的窗镜使室内的金光越发闪烁迷离。空间都被柔和的带有圆形特征的曲线所主宰，四周的边框精巧复杂，房间的墙壁和天顶用繁盛的装饰做过渡，装饰多为曲线形的植物题材，混淆墙面和天顶的界限，细腻华美。细薄的线脚和装饰，色彩为金、粉、绿，强化了女性化的脂粉气。室内格调轻松，被享乐的气氛包围。

（2）南锡广场群

法国的广场受到了洛可可艺术风格的影响，不再封闭沉闷，虽用建筑包围广场空间，但是比原来开敞了，有的局部开敞，有的甚至三面开敞，广场的设计思路开阔了，更加多样，有了自由和自然主义的倾向。南锡广场群就是此类广场的代表。

南锡广场群的设计人是勃夫杭和埃瑞·德·高尼。广场群是由三个广场组成的，从北到南分别是王室广场、跑马广场、路易十五广场。王室广场为长圆形，跑马广场平面狭长，路易十五广场为长方形。

图8-16　苏比斯府邸室内局部

沿着广场群的纵轴，建筑物对称排列。长官府位于王室广场的北边，设半圆形券廊，呈环抱之势。一座凯旋门矗立于广场南端，凯旋门外与路易十五广场隔河相对。狭长跑马广场的两侧是林荫大道，而横贯的半圆形建筑位于它的两侧，以座椅装饰构成空间分割。所有的广场都沿一个巨大的纵长景深布置，设计结合了勃夫杭所设计的建筑风格，同时也新设计了有着相似风格的建筑。

南锡市中心广场群不是完全封闭的，具有一定的开敞空间。王室广场两侧的券廊和外面的绿地相互渗透。路易十五广场的四个角开敞，北面的两个角用喷泉作装饰，紧靠着河流，南面两个角同城市街道联系。路易十五广场南面的铁栅门是18世纪金属工艺的杰出作品，代表着洛可可风格的装饰手法，形式优美。

第三篇
中西方近现代建筑

第9章 中国近现代时期建筑

素质目标
- 了解建筑学家为开创中国建筑学科和保护建筑遗产不懈奋斗的历程,深刻诠释"爱国、敬业"的含义,坚定学生的理想信念,培养学生职业素养;
- 将建筑的发展与社会历史相结合,将民族精神与时代精神相统一,培养历史唯物主义观点和中国近代历史建筑保护理念。

9.1 外来的影响——西方建筑风格的传入

9.1.1 西方建筑体系的早期传入

早在1840年之前,中国大陆上就已出现了西式建筑的踪迹,16世纪后的海路大通使得东西方之间的联系、交流日渐密切,并产生了极为深远的历史影响。随着东西方海上贸易的开展,葡萄牙人在澳门首先租地建屋,广州十三行(图9-1)亦开始兴建一批西式建筑,在皇家园林圆明园中,还出现了满足皇家猎奇心理的西洋楼(图9-2)。但是,综合来看,当时西式建筑只是零星出现,并未对中国传统建筑体系产生影响。

广州十三行建筑是这一时期的典型代表,其位于广州市越秀区沿江路附近。广州十三行建于清朝道光年间,以其建筑式样独特、文化内涵深厚而著名。这些建筑物的风格结合了中西文化元素,既有中国传统的建筑风格,又吸收了欧洲文化中的某些元素,如立面的柱式、窗框和门廊等。这些建筑还被用作外交场所,作为各国驻广州领事馆的所在地,因此也被称为"夷馆"。如今,广州十三行已被列为广州市文物保护单位,成

图9-1 广州十三行

图9-2 圆明园西洋楼废墟

了广州文化遗产的重要组成部分。

9.1.2 外廊式建筑

19世纪中叶,西方人在中国兴建的早期建筑中,最有代表性的是所谓外廊式建筑(图9-3)。这种建筑风格最早产生于印度与东南亚等地,是为了应对当地潮湿炎热气候,加设大进深外廊而形成的券廊式建筑。这种建筑多为简单的矩形平面、四坡屋顶,在一面或者多面建有外廊。这种建筑体量一般不大,结构简单,施工方便,是早期财力、技术条件有限下的首选建筑样式。后来外廊式建筑迅速占据了主流,在早期开放的厦门、上海、广州等沿海城市以及庐山、鸡公山等外国人修建的避暑胜地盛行。同时,为了适应南方气候,解决散热通风问题而出现的外廊式建筑,也被照搬至北方,出现在了东北、天津等地,但很明显开敞的外廊对于保温极其不利,为适应北方寒冷气候,在外廊式建筑的实践中出现了新的应对策略,即为外廊加装大片玻璃窗,形成"暖房"(图9-4),这可以看作是外廊建筑传播过程中适应自然条件的必然结果。19世纪后半叶,建筑规模不断扩大,外廊式建筑逐渐被规模更宏伟、层数更高、更具有正统西方历史风格的建筑所取代。

图9-3　上海的外廊式建筑

图9-4　东北地区封闭式外廊建筑

图9-5　福建船政局轮机车间

图9-6　汉阳铁厂

9.1.3 洋务运动引领下的工业建筑

第二次鸦片战争后,随着洋务运动的开展,以李鸿章、左宗棠等为代表的洋务派,引进西方近代工业技术,在全国各地兴办了一批军事工业与民用工业,伴随着这些工业厂局的创办,在上海、天津、南京、汉口、福州、广州等地,也诞生了中国最早的一批工业建筑。

工业建筑的兴建使西方现代建筑体系——钢结构和钢筋混凝土结构开始得到应用。福建船政局轮机车间(图9-5)和天津大沽口船坞的轮机车间均采用三角桁架和铸铁柱,形成了跨度较大的空间结构以满足生产要求。洋务运动后期所建的汉阳铁厂(图9-6),更是出现了采用钢屋架、钢制梁柱、铁瓦屋面建设的厂房,是中国最早出现的全钢结构厂房。

这一时期保留下来的最重要的一组建筑即为福建船政所建造的轮机车间（图9-7）。轮机车间建成于1867年，建筑俯瞰呈"凹"字形，即由两侧两座对称的纵向厂房和中间一座横向厂房衔接而成，位于两侧的两座厂房为蒸汽机部件装配车间，总面积为2400m²；在凹字形中间的横向厂房为总装车间，其底层为合拢厂，其二楼即为绘事院。绘事院建筑是整个厂区内最为醒目、最重要的生产建筑。整座建筑为清水红砖外墙，一顺一丁砌造；面阔21.5m，进深21.5m，檐口高12.5m。外立面墙设壁柱，四面开窗，檐口叠涩出两层石边；封护檐式四坡顶，条石压脊，四周环建女儿墙。整座建筑既满足了工业生产、兼顾教育的空间功能要求，同时风格稳重不失典雅，是中国最早引进西方技术的红砖工业建筑的典型代表，也是中国走向近代化的重要标志之一。

图9-7　轮机车间全景

9.1.4 "洋风"建筑

19世纪下半叶，清政府除在洋务运动推动下，兴建一批具有开创性的工业建筑之外，也在清末新政运动的影响下，打破了原有封建礼制下的传统建筑形制。

1909年7月，随着筹备宪政，清政府选址内城东古观象台西北的贡院旧址兴建资政院，由德国建筑师罗克格设计，建筑方案仿照了当时柏林的德国国会大厦，反映了清政府以德国君主立宪政体为改革榜样的主观愿望。之后，清政府在北京又陆续建造了一批新式官厅建筑，如陆军部（图9-8）、海军部、农事试验场、自来水公司及东郊水厂、大清银行、电话总局等。受清政府影响，当时各地方政府也在官署和衙门等建筑，甚至民间和商业建筑中广泛采用西式，如伪满皇宫前身的吉黑榷运局办公楼、后做过中华民国临时参议院的南京江苏省咨议局等。庚子之变后，随着清朝政治变革和对洋心态转变，整个社会风尚开始崇尚洋风建筑，走向西化的极端。

在远离北京的其他地区，"仿洋风"建筑也明显地反映出中西方建筑文化在民间碰撞与融合的过程。比如20世纪初在哈尔滨形成的"中华巴洛克"

图9-8　北京陆军部衙署

风格（图9-9），即是当地工匠对西方巴洛克风格模仿与再创造的产物。再比如被列为世界文化遗产的广东开平碉楼（图9-10），也是由海外侨胞吸收了西方各国的建筑样式，在侨乡进行再融合后，建造出的具有西洋古典柱式、券廊、巴洛克装饰、中世纪寨堡等多种风格的防御性民宅。

图9-9　哈尔滨的巴洛克商业建筑

图9-10　广东开平碉楼

9.1.5　西方历史复兴影响下的城市建筑

19世纪末至20世纪初，正是欧美建筑发生剧变的时刻。一方面，对于新建筑的探索开始萌芽；另一方面，历史主义所主导的模仿古希腊、古罗马形式的古典复兴，以中世纪哥特风格、异国情调为蓝本的浪漫主义以及灵活混杂各种历史风格于一体的折中主义占据了建筑文化的主流。

从19世纪90年代到20世纪初，随着外资金融、贸易机构大规模进入我国沿海、沿江等开埠城市，西方古典主义设计风格开始广泛出现。其中最有代表性的即为上海的外滩和天津的金融街。

近代上海的西方古典主义风格主要以"公和洋行"为代表的外国事务所奠定。该机构设计了汇丰银行、麦加利银行、横滨正金银行、格林邮船大楼等一批上海外滩重要的公共建筑。其中，上海汇丰银行大楼采用严谨的古典主义手法，运用横、纵向三段式构图，立面采用了六根贯通三层的科林斯巨柱，屋顶采用巨大的钢结构穹窿顶，内部装修也极为精致，是中国近代西方古典主义风格的代表作。

天津的金融街同外滩类似，也集中了大量的金融建筑，均采用了古典主义风格，其中有代表性的有天津开滦矿务局办公大楼（图9-11），大楼主题沿街横向展开，采用了横纵三段式构图，十五开间两层通高的爱奥尼柱廊，比例得当、雄浑凝重。其他的代表还有位于解放北路的天津汇丰银行和位于马场道的天津工商学院主楼（图9-12）。

图9-11　天津开滦矿务局办公大楼

图9-12　天津工商学院主楼

除古典主义外，巴洛克、哥特式等建筑风格也在中国各地不同程度地出现，如青岛火车站（图9-13）。

同时，折中主义被广泛用于中国旅馆、娱乐、百货公司等商业建筑上。在寸土寸金的商业区内，各类商业建筑争奇斗艳，建筑手法追求冲击力，更具商业化，能够吸引眼球的拼贴式建筑受到追捧。其中最有代表性的是天津劝业场大楼（图9-14），主体为钢筋混凝土结构，凸阳台用传统牛腿支撑，凹阳台使用圆柱，顶层平窗与拱窗交替使用，创造出了活跃的商业气氛。

图9-13 青岛火车站

9.1.6 向现代风格的演进

随着商业建筑逐渐向多层化、高层化发展，建筑形式出现了简化古典装饰的态势，产生了一批简化装饰、风格逐渐向准现代风格靠拢的作品，同时，国外对新建筑探索中的一些艺术风潮，如装饰艺术风格、新艺术风格、分离派等，也传播至中国，并在一些建筑作品上得以体现。

1927年落成的上海江海关大楼（图9-15），就是简化古典样式的一个重要代表。可以看到，与外滩众多古典风格的银行不同，江海关大楼虽然在底层入口采用了希腊多立克柱式，但是在总体立面上装饰进行了大大简化，顶部层层缩进的钟塔彰显了立体感，表现出装饰艺术风格重视立面竖向线条表现和阶梯式构图的特征，是古典复兴转向现代装饰艺术风格的典型案例。同样的转变在青岛的一些建筑中也可以看到，比如青岛胶澳帝国法院和青岛基督教堂。

图9-14 天津劝业场大楼

19、20世纪之交的新艺术运动，以活泼的外形、流畅的曲线和丰富的材料，成为欧洲现代建筑运动的重要过渡。新艺术运动最早发源于法国、比利时等国，后传播至俄国，并被俄国建筑师带入了我国哈尔滨，使哈尔滨成为中国新艺术运动建筑实例最多的城市。这些新艺术运动风格的建筑摒弃了传统古典柱式构图，采用了自由、优美的曲线构图，沿门窗做贴脸边框装饰，取代了过去烦琐的线脚。比较能反映新艺术运动建筑特色的实例有哈尔滨的中东铁路局官员住宅，它运用了轻快挑檐与曲线大窗

图9-15 上海江海关大楼

的组合，给建筑以轻灵感；哈尔滨莫斯科商场，采用了简洁的半圆弧形大窗搭配无装饰的方形立柱，形体简洁，富有节奏感。除了哈尔滨外，新艺术运动也出现在青岛，其中的代表作是青岛医药商店旧址，人们俗称"红房子"的商业建筑（图9-16）。

这一时期，中国近代建筑进入了全面转折与发展的历史时期。对西化的全盘接受以及工业建筑的大规模建造，使新的建筑材料、结构类型和建筑设备广泛得到应用，拉近了中国与西方现代建筑技术体系的距离，加速了中国传统梁架体系向现代技术体系的过渡。当时流行在各国的新建筑风格，几乎也在同时期出现在了中国，成了中国现代建筑的萌芽。

图9-16 青岛"红房子"宾馆

9.2 传统的延续——对中国传统建筑样式的继承与复兴

前节讲到了中国近代受外来文化的强势楔入，城市与建筑所表现出的发展与变化。本节则主要以中国传统建筑的"内力"为线索，讲述在近代巨大的社会、科技变革下，中国传统建筑如何回应变化，如何继承与创新。

20世纪20年代，中国现代建筑教育事业得到了较大发展，第一代建筑师与建筑学家也登上了历史舞台。1927年，庄俊、范文照成立了中国建筑学会；1928年，南京中央大学成立建筑系；1928年，梁思成（图9-17）在东北大学工学院创办建筑系。随后，中山大学、天津工商大学、重庆大学等陆续创办建筑系。

1929年，朱启钤在北平成立营造学社，自任社长。随后改称为中国营造学社，刘敦桢、梁思成先后入社，并着手开展中国古建筑研究工作。中国营造学社对中国古代建筑进行了大量文献收集、整理和研究工作，曾校勘、重印宋《营造法式》、明《园冶》等，并对古建筑进行了大量测绘工作，发现了山西五台山佛光寺大殿等极具价值的唐代遗构，为古代建筑历史研究和古代建筑遗产保护事业作出了开创性贡献。

图9-17 梁思成像

在建筑实践中，中国建筑师们不断探索中国古典建筑在现代条件下的继承与发展。他们对建筑法式的掌握更加准确，手法也更为纯熟，把立足传统文化的建筑创作推向了新的高度，产生了一批优秀的建筑作品。例如吕彦直设计的南京的中山陵（图9-18），祭堂整体采用了中国传统的歇山式建筑，在体形、构图以及装饰细部上进行了简化，给人以清新挺拔的现代感。再比如广州的中山纪念堂（图9-19）采用了八角攒尖屋顶形

图9-18　南京中山陵祭堂

图9-19　广州中山纪念堂

式，正南为七开间朱红柱廊，从建筑构图和建筑结构上，都堪称是前无古人的创新之作。

在国民政府大兴土木建设南京时期，涌现出一批"宫殿式"的官厅建筑，如南京国民政府交通部大楼、南京国民政府铁道部大楼、南京博物院（图9-20）等。

"宫殿式"建筑虽然得到了大力推广，但由于其本身造价高、工期长的弊病，加上暴露出来的传统形式与功能之间的矛盾，使得其发展在中国内忧外患的20世纪30年代受到了很大限制，也引起了许多建筑师的反思。很多建筑师也开始探索中国传统与现代建筑的结合，提出了混合式样以及"现代化的中国建筑"，即"合现代建筑之趋势，而仍不失为中国原来面目，同时更顾到经济上之限度"。主要的表现形式是在整体采用装饰艺术风格的特征下，在檐口和窗间墙采用传统纹样装饰表达中国特征。这一风格的主要代表有上海江湾体育场（图9-21）、中国银行总行等。

二维码 9.1

图9-20　南京博物院

图9-21　上海江湾体育场

总之，与现代主义潮流相结合的"混合式样"为陷入困境的"宫殿式"建筑开辟了出路，同时又不失为是一种有中国特征的现代建筑探索，这也为1949年以后新中国"民族形式"建筑提供了重要的创作基础。

9.3　现代主义建筑在中国的发展

9.3.1　20世纪上半叶中国建筑师的现代主义建筑实践

第一次世界大战结束后，以包豪斯的教学和设计实践为标志，现代建筑运动在德国、法国、荷兰、美国等国蓬勃发展，席卷整个欧美并影响中国的沿海、沿江开埠城市。这一点从前文所讲到青岛、哈尔滨、上海等地的新艺术、装饰艺术风格的建筑作品中可以初见端倪。

随着开埠城市商业的兴盛，也出现了高层建筑兴建的热潮。1926年，上海南京路外滩转角的沙逊大厦就是其中典型代表（图9-22），该建筑包括塔楼共13层，高77m，整体为装饰艺术风格。

20世纪上半叶，随着第一代中国建筑师的留学归国和成长，以及当时高度开放的经济和文化环境，也促使他们在建筑实践和观念上转向了现代主义，并有一系列现代主义风格的作品问世。例如华盖建

图9-22　上海外滩沙逊大厦

筑师事务所设计的大上海电影院（图9-23）、杨廷宝设计的京奉铁路沈阳总站、梁思成设计的吉林大学校舍配楼（图9-24）等。

20世纪20年代后期到抗日战争爆发前，是中国近代建筑史上建筑活动空前鼎盛的黄金时代。这一时期，初登舞台的第一批中国建筑师完成了从西洋古典和"中国固有样式"向现代主义的转变，开始走出中与西、传统与现代间的困惑和徘徊，确立了中国建筑走向世界、走向现代化的大方向。

9.3.2 新中国成立初期的新中国经典建筑风格

新中国成立伊始，在"适用、经济、在可能的条件下注意美观"这一建筑方针引导下，全国城市兴建了一批重要的公共建筑，其中最著名的当数为国庆十周年献礼的首都十大建筑。从中可以看到新中国成立初期的建筑创作倾向：既有采用了建筑官式大屋顶表达民族形式的民族文化宫、农业展览馆、钓鱼台国宾馆（图9-25）；又有采用了西洋古典柱式构图，通过局部的台基、檐口和纹样等细部装饰来体现民族形式的人民大会堂、中国历史博物馆（现国家博物馆，图9-26）；还有作为20世纪50年代，中苏友谊象征的苏联式建筑，如北京展览馆、军事博物馆等，这些建筑多由苏联建筑师独立设计或与中国建筑师合作设计，典型特征为中央体量层层升高，强调中轴线并用高耸的中央塔楼和塔尖作为标志（图9-27）。

9.3.3 地域性的新表达与当代建筑潮流的融入

图9-23　华盖事务所设计的大上海电影院

图9-24　梁思成设计的吉林大学校舍配楼

地域性的探索是新中国成立后的建筑文化实践中卓有成就的领域。1955年大屋顶建筑遭到批判后，出现了从传统民居中寻求灵感的地域性探索。这些建筑没有了大屋顶的宏伟气派，却带有地方特色的装饰和特点，形成了多元的审美取向。其中比较有代表性的是南洋著名华侨领袖陈嘉庚投资建设的一大批建筑，如厦门大学、集美大学的大学建筑，在他的参与下，把域外文化与地域文化融为一体，形成了具有浓郁侨乡文化特色的"嘉庚风格"（图9-28），其典型特征是采用闽南民居建筑的燕尾脊、歇山顶、重檐歇山顶与西洋古典主义的立面相结合，庄重宏大而不奢华，体现了侨乡文化不拘一格的性格。

图9-25
钓鱼台国宾馆

图9-26
中国历史博物馆
（现国家博物馆）

第 9 章 中国近现代时期建筑

图9-27 具有苏联风格的北京展览馆

图9-28 厦门大学的"嘉庚风格"建筑

改革开放后，中国对于现代建筑的探索更加多元，也开始了对于传统历史文脉的探索。这一时期的传统探索不拘泥于传统形式，而是更注重中国传统建筑内在逻辑、精神的表达。建筑师对于中国文化的关注也不仅局限于传统官式建筑、中国民族文化的宏大叙事，而开始走向场所与地域精神的细腻表达，出现了张锦秋、吴良镛、崔愷、庄惟敏、刘家琨、王澍（图9-29）等一系列活跃在中国当代建筑领域的建筑大师。

图9-29 中国美院象山校区（王澍设计）

第 10 章

西方近现代时期建筑

素质目标
- 建立跨学科的视角，将现代建筑运动置于更广阔的文化、艺术和历史背景中，理解其与当时艺术运动的联系；
- 培养批判性思维分析能力，能够分析现代建筑运动高潮期的代表作品，评价其设计原则、美学价值与社会影响；
- 汲取现代建筑的启发性理念，鼓励学生在今后的设计中体现可持续性、功能性与美学的综合。

10.1 18世纪中叶至19世纪下半叶欧美盛行的复古思潮

10.1.1 古典复兴思潮的诞生

二维码10.1

古典复兴是18世纪60年代到19世纪末在欧美流行的文化思潮。它的产生一方面来自新兴资产阶级对于封建君权统治下贵族奢靡生活的批判与厌恶，提倡采用简洁明快的手法来排除巴洛克或洛可可风格的大量烦琐装饰。另一方面，18世纪的欧洲，考古学的空前繁荣使得人们对古希腊、古罗马时期的建筑文化产生了浓厚的兴趣，并唤起了新兴资产阶级对古希腊、古罗马时期民主共和政体的向往，这种崇尚复古文化的思潮影响到欧洲与美国的建筑领域，形成了盛行的以模仿各时期历史建筑为主要手法的历史主义建筑思潮。

根据模仿历史原型的不同，大致可分为希腊复兴、罗马复兴、文艺复兴以及风格复兴等几种倾向。其中，罗马复兴主要集中在法国，其代表作品为法国大革命前夕建造的巴黎万神庙（图10-1），其平面

图10-1 巴黎万神庙

为希腊十字式，入口立面由巨大的廊柱与三角形山花组成，与古罗马万神庙十分接近，是法国古典复兴的经典之作。除此之外，拿破仑时期建设的多处国家纪念性建筑，如星形广场雄狮凯旋门（图10-2）、军功庙、旺多姆柱等，都是罗马帝国时期建筑式样的翻版，形成了所谓的"帝国式"风格。其中以雄狮凯旋门最为著名，如今也成了巴黎的标志性建筑之一。

希腊复兴主要在英国、德国较为盛行。典型代表有英国伦敦的大不列颠博物馆（图10-3）、德国的柏林勃兰登堡门（从雅典卫城山门吸取的灵感）以及德国建筑师设计的柏林宫廷剧院（图10-4）。

美国正式独立后，美国资产阶级摆脱了欧洲殖民者的控制，也希望从希腊、罗马等古典建筑中汲取灵感，试图表现民主、科学、光荣和独立。因此，古典复兴风格也盛极一时，典型实例有华盛顿的美国国会大厦（图10-5），其直接借鉴了巴黎万神庙的形制。比较知名的例子还有美国第三任总统杰斐逊规划设计的弗吉尼亚大学，以大草坪为中心，两侧建筑对称式布局，轴线尽头则是以古罗马万神庙为原型的图书馆。

图10-2　星形广场雄狮凯旋门

图10-3　大不列颠博物馆

图10-4　德国柏林的宫廷剧院

图10-5　美国国会大厦

10.1.2　浪漫主义影响下的异国情调与哥特复兴

同古典复兴一样，浪漫主义也是18世纪中叶到19世纪下半叶在欧美国家具有广泛影响的文化艺术思潮。浪漫主义用中世纪手工业艺术崇尚自然、追求艺术个性的方式，来与学院派的古典主义相抗衡。不同于资本主义制度下大规模机器生产，小资产阶级更追求回归自然、中世纪田园城堡式的生活。这在建筑文化领域也导致了自然风景园林的兴起、中世纪城堡式府邸的建造和对异邦情调的追求。这一阶段的初期浪漫主义风格主要在英国自然风景园林上得以集中体现，比较有代表性的是融入中式造园手法，并点缀有土耳其、印度等各种异国情调建筑物的英中式园林（图10-6）。不同于法国凡尔赛宫等遵循几何规则、整齐宏伟的古典主义园林，前者在英国浪漫主义的影响下，追求自然、变化的田园情调，并保持起伏的地形与层次多样的绿化，并且对各种异国园林小品、建筑形式加以采撷，体现了追求东方情调和传奇色彩的社会文化风尚。

图10-6　英国伦敦的自然风景园林及园内的中国塔

19世纪30年代至70年代的浪漫主义发展成了更为成熟的建筑创作潮流，即哥特复兴。其主要以中世纪哥特式建筑为蓝本，采用尖拱券、尖塔和扶壁为主要特征，建筑呈现出向上升腾的态势。在当时的英国，哥特复兴运动不仅仅是一种建筑复古潮流，还得到了王室的大力支持，因而选择将哥特式建筑作为民族风格，来表达其民族主义情怀。建于1840～1865年间，由建筑师巴雷设计的英国国会大厦（图10-7），是英国哥特复

图10-7　英国国会大厦

兴建筑的代表作。著名的维多利亚塔与大本钟，如今已成为伦敦的标志性建筑之一。

10.1.3 折中主义建筑——对历史风格的拼贴模仿

折中主义是19世纪上半叶兴起的一种广泛影响欧美乃至全世界的建筑风潮。折中，英文原意为"多元选取"，即为将彼此对立的立场、观点、理论等无原则、不分主次地加以调和和拼凑，体现在建筑上即为越过古典复兴、浪漫主义以及各民族传统样式等固有风格、规则限制，将不止一种过去的风格运用到同一幢建筑中。

随着欧美各国19世纪复杂的政治背景和激烈的思想碰撞、启蒙运动的冲击，虔诚地信仰并坚持历史上某一特定历史时代风格，必然会饱受争议并产生不可避免的冲突。因此，古典风格、哥特风格、文艺复兴、巴洛克等风格的交替混合使用，成了越来越多建筑设计师和甲方的选择，并逐渐使折中主义的多元倾向更加流行开来。

"新巴洛克"是欧洲折中主义思潮最具代表性风格，其代表是巴黎卢浮宫（图10-8），它采用了孟莎式屋顶，立面采用文艺复兴风格，山花则为繁复华丽的巴洛克式。同样的例子又如巴黎圣心教堂（图10-9），其屋顶高低错落，大小不一，明显为拜占庭式，但又在立面上表现为罗马式的连续拱券。

值得说明的是，折中主义渐渐不仅局限于古希腊、古罗马、中世纪、文艺复兴等欧洲不同时代的风格，随着地理大发现、照相术等，更多地域的建筑样式，都加入了折中主义的"大家庭"，比如中国传统样式、拜占庭、埃及、阿拉伯、印度等风格，都相继被"发现"和研究，并作为形形色色的"素材"被加以组合运用。

从古典复兴到浪漫主义，再到混合历史风格的折中主义的盛行，18世纪中叶至19世纪末的欧美各国，引领了一场致力于古典建筑重生的复古浪潮。但随着20世纪前后社会形势的剧变，折中主义逐渐受到启蒙运动等进步主义的挑战，用旧形式包裹和表达现代功能，也使新技术、新材料、新功能与传统遗产格格不入。因此，现代运动的先驱者们始终不曾停止对新建筑探索的脚步。

图10-8 巴黎卢浮宫

图10-9 巴黎圣心教堂

10.2 19世纪下半叶至20世纪初对新建筑的探索

10.2.1 建筑探索的社会基础——欧洲启蒙运动与工业革命革新

19世纪末探求新建筑的社会背景，大致可分为思想的启蒙运动和工业技术的革新两个方面。

欧洲启蒙运动是发生在18世纪的一场思想文化解放运动，它是文艺复兴时期反抗君主专制、教会蒙昧主义斗争的延续与发展。在欧洲启蒙运动中，许多建筑学家开始对古典主义建筑理论体系的合理性和永恒性提出了质疑，并形成了"理性"主义的思想，即关注功能的合理性、结构的真实性与材料的本质。他们强调原始建筑朴实无华，没有装饰，体现功能技术的理性精神，继而反对在之后长期演化中建筑装饰日益奢华的倾向，认为装饰品是"建筑物不适当的累赘"，建筑形式已经偏离了本来的结构本性与真实性。威尼斯建筑师洛铎利主张："绝不应该把任何没有确实理由的东西放在建筑物上……真实的美存在于简单的、合乎功能的结构之中。"这种追求结构、功能的理性主义精神，直接促进了现代建筑思想的形成。

工业革命以及工业大生产的发展，也给建筑科学带来了巨大的进步。新的建筑材料，新的结构技术，新的设备，新的施工方法不断出现，例如迥异于以往古典建筑沉重稳固形象的生铁框架结构体系出现；同时，随着人们生活方式的改变，新建筑类型不断涌现，如大型厂房、火车站、百货公司、市场、博览会等，这些前所未有的功能也对建筑的跨度、高度等方面提出了更高的要求。在这些客观条件下，建筑师们开始更加活跃地思考和探索新的建筑风格。1851年的首届世博会上，建筑师约瑟夫·帕克斯顿创造性地建起了一座巨大的透明建筑——由铁框架与大面积玻璃屋顶、墙面组合而成的水晶宫（图10-10），标志了当时建筑在规模、新材料和新技术运用上的巨大飞跃。

图10-10
工业革命的重要成果——英国伦敦世博会水晶宫

10.2.2　工艺美术运动与新艺术运动

工艺美术运动是19世纪下半叶到20世纪初起源于英国的一场设计运动。它的产生显然受到了前面所讲的浪漫主义思潮的影响。作为最早发展和实现工业化的国家，英国规模化生产的大量工业制品，给人们带来生活便利的同时，也给传统的高雅、精致与充满个性的手工业制品市场带来了冲击，这使得一些小资产阶级的知识分子，开始反思工业洪流对于人类精神上带来的矛盾与困惑，并产生出逃离工业城市，怀念安静的乡村田园生活与向往自然的浪漫情怀。他们提倡高水准的手工技艺，明确反对机械化生产，主张艺术设计回归自然，并且应该面向大众，得到大多数人的认可和喜爱。

工艺美术运动的代表人物是约翰·拉斯金和威廉·莫里斯（图10-11）。前者为牛津大学教授，他对工业化生产进行了严厉的批判，认为其扭曲了人的创造性，主张回归手工艺，并通过

图10-11　威廉·莫里斯

著书或演讲来倡导他的设计美学。在拉斯金等理论批评家的倡导下，出现了一批忠实的追随者与实践者，其中最有代表性的就是英国艺术家、诗人，被称为"现代设计之父"的威廉·莫里斯，其代表作品"红屋"（图10-12），是其与建筑师菲利普·韦伯共同设计的住宅，采用了非对称式的布局，并运用了不加粉刷的本地红砖，既展现了当地建筑材料的自然质感，又作为一种装饰元素。这种将功能、材料与艺术造型结合的尝试，对后世的新建筑具有一定的启发，是工艺美术运动在建筑领域的代表性作品。

新艺术运动是继工艺美术运动之后，席卷欧美各国，影响广泛的艺术设计运动。不同于工艺美术运动以浪漫主义和哥特式作为借鉴源泉，新艺术运动完全挣脱了历史的束缚，从自然界动植物生长规律中寻找规律，并应用在设计创作中，其最初的表达是在绘画和装饰题材上，如奥太1893年设计的布鲁塞尔都灵路12号住宅（图10-13）以及法国赫克托·吉马德设计的巴黎地铁出入口（图10-14）。

图10-12　红屋

图10-13　都灵路12号住宅室内楼梯

图10-14　巴黎地铁出入口

由于新艺术运动是一场设计运动，并不具有固定的装饰风格，因此其在各国的表现形式差异很大，并且称谓也有所不同。在法国、荷兰、比利时被称为新艺术，德国被称为青年风格派，奥地利称为维也纳分离派。各个国家的新艺术先锋流派对建筑形态进行了大胆的探索，形成了两条不同的造型风格：以法国的吉马德、比利时的霍尔塔、西班牙高迪为代表采用螺旋、波浪、蔓藤花纹等自由曲线风格；以麦金托什、贝伦斯、路斯等为代表的直线风格，主要采用直线和规则几何形、净化装饰。后者为机械化、工业化的形式奠定了基础，可以说是新艺术运动向现代主义的关键性过渡。从贝伦斯设计的德国通用电气公司透平机车间（图10-15）、沙里宁的芬兰赫尔辛基火车站和路斯的斯泰纳住宅等作品中，都可以明显感受到现代主义建筑的雏形。

图10-15　贝伦斯设计的透平机车间

10.2.3　芝加哥学派与装饰艺术风格

在欧洲新艺术运动流行的同期，美国兴起了芝加哥学派。它的出现主要同房地产的商业化驱动有关。1871年，芝加哥大火造成了城市房屋的大规模毁坏。大火过后，城市重建给高层建筑的诞生和发展带来了契机，而城市地价的上升，开发成本的经济考量也驱使建筑向高空发展，因此，芝加哥学派应运而生。

芝加哥学派的主要代表人物是沙利文。他突破性地提出了"形式追随功能"的口号，认为建筑创作的目的就是给每个建筑物一个适合的和不错误的形式。沙利文对高层建筑的典型功能也作出了总结：第一，地下室包括锅炉、动力、采暖和照明的各项机械设备；第二，底层主要用于商店、银行或其他公共设施，需要宽敞的内部空间、充足的光线和通畅的交通；第三，二层要有直通的楼梯与底层相连，空间需要自由分隔；第四，二层以上是无数标准层；第五，顶层作为设备层。从高层建筑的垂直性功能入手，沙利文提出了著名的高层建筑三段式设计，其中的代表作品即为他所设计的c.p.s百货公司大楼（图10-16）。在这座建筑中能够清晰地看到标准的"芝加哥窗"，即框架结构下的网格式横向长窗，充分地体现了芝加哥学派"形式追随功能"的设计思想。

芝加哥学派的最大贡献，一是突出了建筑技术在高层建筑中的应用，引领了高层建筑的发展方向；二是突出了实用功能在建筑设计中的重要地位，明确了功能与形式之间的主从关系，摆脱了历史风格与折中主义的羁绊。这些建筑理论以及技术对于现代建筑的发展起到了重要作用，至今仍是高层建筑设计所遵循的基本原则。

遗憾的是，虽然芝加哥学派在理论上明确了功能的主导地位，但其实用主义风格还是让位于业主对于财富、权势象征的追求。美国高层建筑，始终难以走出历史风格的阴影，20世纪前后，古罗马、古希腊、哥特式等风格仍然集中出现在摩天大楼上，掩盖了钢框架的本质。

直到1920～1930年，装饰艺术风格的流行风靡，为高层建筑的立面形式带来新的变化，其强调垂直线条与几何形态的特点，体现了强烈的机器美学和工业时代精神，因而更具有时代感与商业流行气息，这种风格迅速取代了历史复兴，在高层建筑上得以体现。在装饰艺术风格引领下，对室内外装饰和建筑造型的影响主要体现在以下两个层面：一是建筑构图采用了简洁的对称形式，立面强调垂直线条划分，建筑轮廓呈阶梯状退缩；二是建筑装饰以纯粹的几何形图案和浅浮雕为主，其代表作为美国的纽约帝国大厦（图10-17）。

图10-16　c.p.s百货公司大楼（芝加哥学派代表作）

10.2.4　第一次世界大战战后初期对新建筑的先锋实验

第一次世界大战后，建筑科学有了很大的发展，19世纪以来出现的新材料、新技术得到日益完善并推广应用，其中包括了高层钢结构的技术改进，钢筋混凝土框架结构的成熟，玻璃及橡胶等材料隔声、隔热等性能的提升与品种增多，铝材、不锈钢和搪瓷钢板等广泛用于窗框、建筑饰面、室内装饰等。

除了建筑材料与结构技术的进步外，建筑设备的发展也加快了，电梯的速度大大提高，空调、日光灯等逐渐在公共建筑及住宅中普及。与此同时，建筑的施工技术与速度也大大提高。1931年建造的纽约帝国大厦，整个建筑有102层高，建筑顶端距地面380m，有效使用面积达16万平方米，楼内装有67部电梯和大量的复杂管网。这样的一座庞然大物，从设计到交付使用仅用了18个月，可以说代表了20世纪30年代建筑科学技术的最高水平。

图10-17　纽约帝国大厦（装饰艺术风格）

建筑技术飞速发展，解放了建筑的空间和形式，并且带来了全新的社会生活方式，大型室内体育场、汽车交通枢纽、电影院等建筑的出现，要求旧有建筑类型在内容和形制上做出改变，这些变化有力地推动着建筑师进行革新，各色各样的设想、激进的设计实验如雨后春笋般出现。其中，比较突出且对后来产生重要影响的派别主要有表现主义派、未来主义派、风格派和构成主义派。表现主义派主要产生于德国、奥地利的绘画、音乐和戏剧等方面。表现主义派认为艺术的任务主要在于表现个人的主观感受。在建筑上，表现主义派建筑师常常采用奇特、夸张的建筑形体来象征某些思想情绪或时代精神，其典型的代表作品为德国建筑师门德尔松设计的德国爱因斯坦天文台（图10-18）。整个建筑富于动感和可塑性的建筑形态，表现出人类自然科学的最新成就——爱因斯坦相对论的高深莫测，带有了某种神秘气质与科幻色彩。

图10-18 爱因斯坦天文台

未来主义派是20世纪初由意大利诗人马里内蒂发起，继而在俄、法、英等国产生广泛影响的文学艺术流派。未来主义派讴歌工厂、机器、火车和飞机的威力，在绘画作品中刻意表现速度和运动。在建筑上，未来主义派并没有留下具体的建筑实践，但是其主张建筑要像大机器一样，应该名正言顺地以钢铁和玻璃的面貌向世人展示其形象。这些机器美学思想和大胆的建筑构想，对现代建筑运动产生了重要影响，甚至影响到后来柯布西耶的"光明城市"与当代建筑中的"高技派"。风格派主要是1917～1928年以荷兰为中心的现代艺术流派。它的代表人物是画家蒙德里安、设计师凡·杜斯堡、里特维尔德、建筑师奥德等。风格派在绘画上主张对艺术进行"抽象的简化"，对西方绘画进行了颠覆式的突破，拒绝使用任何具象的元素，主张用数学机构式的纯粹几何形表现构图，蒙德里安创作的《红、黄、蓝的构成》是风格派绘画的代表。它采用直角相交的水平线和垂直线构画图画，并安排红黄蓝三原色表现一种极度客观、冷静、规则的秩序和逻辑。这种绘画理论和作品对西方现代抽象艺术和现代建筑均产生了重要影响。位于荷兰乌德勒支市的施罗德住宅（图10-19），则是蒙德里安绘画风格在三维立体上的映射。

图 10-19 施罗德住宅

10.3 现代建筑运动的高潮与代表人物

10.3.1 现代建筑派的诞生

19世纪后期到第一次世界大战期间，是新建筑运动的筹备和酝酿阶段。从新艺术运动到芝加哥学派，再到后来的表现主义、风格派、构成主义等各种派别的出现，新建筑运动已经有了很多富有创新精神的建筑观点和建筑设计，但总体来讲，以上的探索都没能系统性地提出和解决当代建筑发展所涉及的许多根本性问题。一战结束后，欧洲各国政治、经济、文化艺术领域发生巨大震荡。俄国发生了十月革命，建立了世界上第一个社会主义国家。德国、奥地利、波兰和捷克等国也相继爆发了社会主义革命。面对战后百废待兴的新世界，以魏玛共和国时期的德国作为中心和策源地，一批思想敏锐的建筑师提出了比较彻底和系统的建筑改革主张，把新建筑运动推向了前所未有的高潮。

20世纪20年代～30年代，现代主义建筑师的阵营迅速扩大，并开始走向国际性的建筑运动，一大批经典现代主义建筑相继出现在世人面前。如1926年格罗皮乌斯设计的包豪斯校舍，1929年密斯·凡·德·罗设计的巴塞罗那德国馆，以及1930年勒·柯布西耶设计的萨伏伊别墅等。

1928年，由勒·柯布西耶、格罗皮乌斯等人发起，来自欧洲8个国家的24名建筑师在瑞士举行了集会，并成立了"国际现代建筑会议"（简称CIAM），由此标志着现代主义运动正式登上历史舞台。在现代主义建筑师阵营中，德国的建筑师格罗皮乌斯、密斯·凡·德·罗、法国建筑师勒·柯布西耶、美国的赖特和芬兰的阿尔瓦·阿尔托，合称为现代主义建筑的五位大师。后文将分别着重介绍他们的建筑思想及主要作品。

10.3.2　现代主义建筑的基本特征

20世纪20年代的现代主义建筑思潮下的建筑流派和建筑师各有不同，其建筑创作也各有特色，但是基本以格罗皮乌斯和包豪斯为起点，直到"国际式"建筑在全球形成主导潮流。这一段时期内可以简单概括出现代主义建筑的主要思想和基本特征：

① 把建筑物的实用功能作为建筑设计的出发点，自内而外地解决建筑的造型问题，同时兼顾其经济性与实用性。以往的学院派建筑师在建筑设计时往往先决定建筑的造型与外观风格，然后再把各个功能安排到建筑形体中，而现代主义建筑则首先考虑功能的分区和需求，再按照其相互关系决定建筑的体型与平面。其实，这一类似的概念，早在芝加哥学派时期就曾被提出过，但直到现代主义中才得到彻底的贯彻执行。

② 面向工业化大生产，系统地引进工业技术和标准化设计。一战后，大量的建筑、城市重建工作迫使建筑师思考如何采用标准化的设计来实现大规模、高效率的建筑工业化生产。标准化设计所带来的不仅仅是经济性和便捷，更决定着建筑在设计过程中必须保证平面布置和结构形式的简洁与自由，比如可以采用灵活的隔墙来分隔和布置各种功能，这无疑对于框架结构的发展起到了重要影响。

③ 注重新的建筑美学原则，提倡建筑形式与结构体系、建造过程的一致性，反对附加装饰。这种功能理性的表达是现代建筑的重要特征之一，混凝土板、柱、楼梯与玻璃的组合外露，使现代建筑的外观形式与结构体系达到了前所未有的高度统一，透露出迥异于历史风格的机器美学特征。勒·柯布西耶更是提出"住宅是居住的机器"。

④ 提出空间-时间的构图理论，认为建筑空间是建筑的主角，提出在处理建筑立面造型时必须考虑人体验建筑的空间感受。现代主义建筑师们把空间感觉的塑造作为建筑设计的重点，流动的空间、灵活多变的室内外过渡与不规则的构图手法得到广泛应用，不再受到原有室内外泾渭分明、讲求严格轴线对称的规则限制。

⑤ 彻底摆脱过去建筑样式的束缚，放手创造新的建筑风格。框架结构使得墙体不再承重，建筑立面的开窗可以更加自由随意，使现代建筑摆脱了过去传统建筑的条框。建筑师可以自由灵活地解决现代社会生活提出的功能要求，从而创造出前所未有的清新活泼的建筑艺术形象。

10.3.3　现代主义建筑代表人物

（1）格罗皮乌斯：现代主义设计思想的奠基

格罗皮乌斯（1883～1969年）出生于德国柏林，青年时期在柏林和慕尼黑高等学校学习建筑，1907年到1910年在柏林著名建筑师贝伦斯的建筑事务所工作。受贝伦斯的影响，格罗皮乌斯开始尝试新的建筑处理手法，并陆续发表了不少关于建筑理论与建筑教育的言论。他的代表性作品是他任职于包豪斯期间设计的包豪斯校舍（图10-20）。这座建筑位于德国德绍市，占地面积2630m^2，由教学楼、实习工厂和学生宿舍三部分组成，依据功能将不同高低的形体组合在一起，既表达了建筑物相互之间的有机联系，又体现出现代建筑重视空间设计、强调功能的特性。

从20世纪30年代起，格罗皮乌斯已经成了世界上最著名的建筑师之一，被公认为现代建筑派的奠基者和领导人之一。

（2）勒·柯布西耶：走向新建筑

勒·柯布西耶是现代建筑运动的激进分子，他的建筑风格以现代建筑为主，且随着其年龄增长，不断地

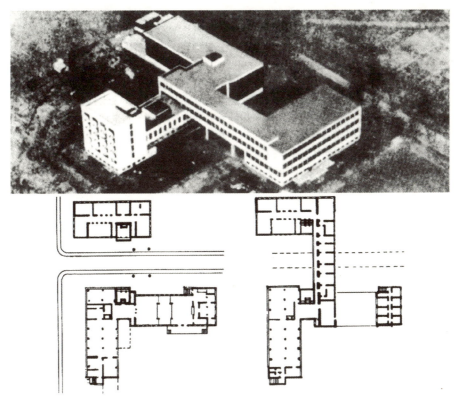

图10-20 包豪斯校舍及平面

追求新奇的建筑风格，可以说是现代建筑中的一位狂飙式人物。

勒·柯布西耶的早期建筑思想和理论可在他的《走向新建筑》一书中充分体现。在书中，他激烈否定了19世纪以来因循守旧的复古主义、折中主义的建筑观点，主张创造表现新时代的新建筑。关于住宅，他提到"住房是居住的机器"，极力鼓吹用工业化的方法大规模建造房屋。他的代表作品为1928年设计的萨伏伊别墅（图10-21），房子平面为一约22.5m×20m的方块，整个建筑为钢筋混凝土结构，底层三面有独立的柱子，中心有门厅、车库、楼梯和坡道。二层有客厅、餐厅、厨房、卧室和院子。这座建筑鲜明地体现了他所推崇的新建筑五点，即底层的独立支柱、屋顶花园、自由的平面、自由的立面以及横向长窗。它的体形都采用简单的几何形体，体现了勒·柯布西耶独特的机器美学观念。

图10-21 萨伏伊别墅

勒·柯布西耶在二战后被公认为是四位现代建筑大师之一。他的创作后期，也不拘泥于现代主义的理性思维，而向着粗野主义与表现主义、神秘主义发展，这一时期的代表作有马赛公寓和朗香教堂。可以说，他的创作勇气和锐气并没有随着年龄增长而消磨，反而更体现出现代主义的发展并非一成不变。

（3）密斯·凡·德·罗："少就是多"的技术美学

密斯·凡·德·罗1886年出生于德国，1909年进入贝伦斯事务所工作。同当时的勒·柯布西耶一样，密斯也关注住宅的工业化生产。他认为，采用框架形式可以应用先进的施工方法，并保证内部平面布置的灵活。他对于钢结构和玻璃也有着独特的探索与运用，这些使他对于钢和玻璃的摩天大楼的憧憬得以实现，并在空间布局、形体比例、结构布置及节点处理上，均达到了严谨、精确以至精美的程度，形成了以技术美学为导向的、风靡欧美20余年的"密斯风格"。

密斯的主要代表作品为建于1929年的巴塞罗那博览会德国馆（图10-22），该展览馆采用十字形断面的镀镍钢柱，支撑起一片混凝土平屋顶。它突破了传统砖石结构沉重封闭、孤立的室内空间，大理石和玻璃隔断自由布置，不同构件、材料之间不做过渡性处理，构造简单明确，充分体现了他"少就是多"的建筑思想。除此之外，他的高层建筑代表作品——纽约的西格拉姆大厦，采用了用料考究、体态端庄、晶莹剔透的全玻璃幕墙结构，引领了当时技术上的前卫风格，也成就了当代高层建筑的经典形象。

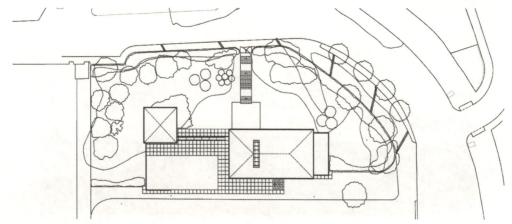

图10-22　巴塞罗那博览会德国馆

（4）赖特：有机建筑理论与草原住宅

赖特是20世纪美国最重要的建筑师之一。20世纪30年代，他提出了自己的有机建筑理论。他认为，建筑应该是自然的，应该与周边的场地环境、地形完美融合。他把对于建筑的真实性建立在自然的和谐之中。与密斯不同，赖特对于大城市的工业化不感兴趣，他涉及最多的是一些别墅和小住宅，其中，最有名的就是草原式住宅，其水平性的构图以及与郊野环境的有机融合是对赖特有机建筑理论的最好诠释。

赖特于1936年设计的流水别墅（图10-23），是世界建筑史上的一座经典建筑，也是有机建筑的代表作品。它的形体疏朗开放，坐落于一座瀑布上方，与地形、林木、山石关系密切。钢筋混凝土挑台固定在自然山石之中，横向阳台、栏板前后左右错叠，组成横竖交错的构图。材料上，使用毛石墙模拟当地石材的天然纹理，人工建筑与自然景色相互映衬，相得益彰。除了流水别墅外，赖特的代表作还有古根海姆博物馆，其采用圆形的不断上升的坡道式展廊，使人体会到行进中的动态感。

20世纪上半叶，赖特的建筑理论和作品与同时期的正统现代主义思想形成了鲜明对比，充分展示了现代主义建筑思潮主流之外的不同侧面。

图10-23　流水别墅

（5）阿尔瓦·阿尔托：地域性现代主义先驱

与现代主义正统思潮不同的另一侧面，则集中体现在芬兰的阿尔瓦·阿尔托身上。他的建筑实践具有典型的功能主义特征，但是其细部设计，不管是天然采光、人工采光、曲线形态的运用，都洋溢着对于人性的关怀和对地域文化的关注。作为最早注重现代建筑的地域性表达的建筑师，他的设计与自然环境相互融合，充分反映了芬兰的地域特色。

阿尔瓦·阿尔托的代表作品是帕米欧疗养院（图10-24）。这座建筑按照功能划分为病房楼、交通、治疗、娱乐、后勤五部分，采用不均衡的构图。病房大楼呈一字形，面对着原野与树林，每个房间都有着良好的阳光、宽阔的视野与新鲜的空气。

阿尔托作为20世纪最杰出和伟大的建筑师之一，兼具有欧洲现代派的理性和美国有机建筑的诗意，更有对于人性的关注和对地域性传统特点的探索与延伸。他的设计作品和设计理念开阔了现代建筑的思路，并且影响了二战后现代主义建筑的发展，甚至与后现代主义提倡地域性、文脉表达的观点不谋而合。因此，可以

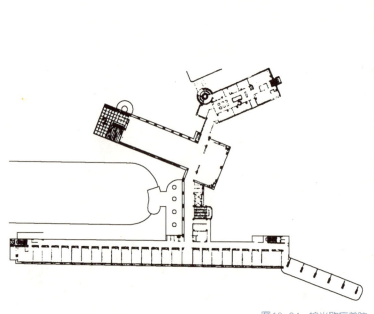

图10-24　帕米欧疗养院

将他看作是二战前后现代主义建筑前后发展的联系人。

10.4　后现代主义时期的建筑思潮

10.4.1　对现代主义的反思与批判

　　二战期间，因美国没有受到战争波及，欧洲许多杰出的建筑大师都纷纷移居美国，包括格罗皮乌斯、密斯等人。二战结束后，他们大都留在美国，从事建筑教育活动，从而改变了美国的建筑教育和建筑理论体系，并培养出一大批新一代建筑师，使美国成为了现代主义运动的中心，开启了国际主义风格阶段。这一阶段，出现了多种基于国际式建筑的分支流派，例如粗野主义、典雅主义、有机功能主义、崇尚高科技的"高技派"、日本的"新陈代谢派"等。他们的建筑实践极大地丰富了现代主义风格的内容，也预示了在大一统的现代主义大潮下众生喧杂的后现代主义的到来。

　　二战结束后，正统现代主义思想与形式较好地满足了战后重建的社会需求，因而迅速占据了主导地位，但也暴露出难以克服的历史局限性。如对功能、技术和经济理性过分强调，导致了对自然、历史和人文的忽视。在大规模生产中，现代主义形式被公式化，一些经典作品被不断复制、滥用，造成了国际式风格的"方盒子"充斥在世界很多国家的角落，形成了"千城一面"的城市形象，这显然已无法满足和平时代多元化的社会需求。人们开始批判现代建筑轻视装饰、主张割裂历史与传统的做法，超越地域的国际式建筑也受到了人们的厌倦和不满。1977年，英国建筑评论家查尔斯·詹克斯出版了《后现代主义建筑语言》，并宣称"现代建筑已经死亡"。

10.4.2 多元并存的当代建筑

1966年，美国建筑师罗伯特·文丘里的《建筑的矛盾性与复杂性》出版，书中明确提出了与现代主义建筑原则截然不同的理论与创作主张，可以被认为是后现代主义最重要的理论纲领。后现代主义拒绝参照国际式风格，而将历史形式再次提出，作为引用和模仿的源泉。1978年，曾是密斯追随者的约翰逊明确表示："我试图从历史中挑选出我喜欢的东西，我们不能不懂历史。"他设计的美国电报电话公司大楼（图10-25），是第一座后现代主义摩天大楼，其用顶部巨大的三角形断山花拉开了后现代主义潮流的序幕。这一时期，一批现代主义建筑大师纷纷转向了折中主义，如日本的建筑师丹下健三、矶崎新、英国的詹姆斯·斯特林等，他们的作品体现了不同尺度的并置、色彩的大胆运用、历史片段的拼贴以及非传统方式利用传统元素等经典的后现代设计手法。

图10-25 美国电报电话公司大楼

除了后现代主义风格，其他多元的设计思想和流派也在这一时期涌现，例如仍然坚持现代主义运动方向，但却突破国际式的乏味单调，向着更加丰富的建筑形态和空间发展的新现代主义。它的代表人物有美籍华裔建筑师的贝聿铭、日本建筑师桢文彦、安藤忠雄、美国的建筑师彼得·埃森曼、理查德·迈耶等。他们的作品在表达现代主义简洁、精致的特质同时，又充满了极富魅力的个人风格。

解构主义作为20世纪下半叶至今的最具前卫性、先锋性的建筑风格和流派，也是继现代主义、后现代主义之后的另一大先锋潮流。解构主义建筑的流行与发展，与同时期的计算机技术与高速发展的建模、参数化设计手段密切相关。得益于此，建筑的形体更加自由，一批天马行空、惊世骇俗的作品相继问世。例如盖里1997年设计的西班牙毕尔巴鄂古根海姆博物馆、里伯斯金设计的柏林犹太人博物馆等。

总之，如果说20世纪上半叶的西方建筑是从前现代的多元走向现代建筑运动为主的一元，那么20世纪60年代后，当代建筑再次以丰富的流派和美学取向打破了现代主义的一统，形成了多元共生的建筑文化格局。

参考文献

[1] 郑朝灿, 张献梅. 中外建筑简史. 北京: 中国水利水电出版社, 2010.
[2] 刘敦桢. 中国古代建筑史. 2版. 北京: 中国建筑工业出版社, 1993.
[3] 吕洪波. 图说中国建筑艺术. 上海: 上海三联书店, 2008.
[4] 候幼彬, 李婉贞. 中国古代建筑历史图说. 北京: 中国建筑工业出版社, 2002.
[5] 张弘. 中外建筑史. 2版. 西安: 西安交通大学出版社, 2016.
[6] 潘谷西. 中国建筑史. 6版. 北京: 中国建筑工业出版社, 2009.
[7] 李之吉. 中外建筑史. 北京: 中国建筑工业出版社, 2015.
[8] 郭承波. 中外室内设计简史. 北京: 机械工业出版社, 2007.
[9] 杨远, 刘莉莉, 曹永智. 中外建筑简史. 2版. 上海: 上海大学出版社, 2010.
[10] 陈志华. 意大利古建筑散记. 北京: 商务印书馆, 2021.
[11] 刘松茯. 外国建筑历史图说. 北京: 中国建筑工业出版社, 2018.
[12] 陈文捷. 世界建筑艺术史. 长沙: 湖南美术出版社, 2004.
[13] 佐藤达生. 图说西方建筑简史. 计丽屏, 译. 天津: 天津人民出版社, 2018.
[14] 喻晓燕. 欧洲文艺复兴. 上海: 上海交通大学出版社, 2018.
[15] 王瑞珠. 世界建筑史·文艺复兴卷. 北京: 中国建筑工业出版社, 2009.
[16] 王瑞珠. 世界建筑史·巴洛克卷. 北京: 中国建筑工业出版社, 2011.
[17] 王瑞珠. 世界建筑史·新古典主义卷. 北京: 中国建筑工业出版社, 2013.
[18] 丹·克鲁克香克. 弗莱彻建筑史. 郑时龄, 译. 北京: 知识产权出版社, 2011.
[19] 陈志华. 外国建筑史——19世纪末以前. 北京: 中国建筑工业出版社, 2010.
[20] 邓庆坦, 赵鹏飞, 张涛. 图解西方近现代建筑史. 武汉: 华中科技大学出版社, 2009.
[21] 王瑞珠. 世界建筑史·古希腊卷. 北京: 中国建筑工业出版社, 2003.
[22] 王瑞珠. 世界建筑史·古罗马卷. 北京: 中国建筑工业出版社, 2004.
[23] 王瑞珠. 世界建筑史·拜占庭卷. 北京: 中国建筑工业出版社, 2006.
[24] 王瑞珠. 世界建筑史·哥特卷. 北京: 中国建筑工业出版社, 2008.
[25] 邓庆坦. 图解中国近现代建筑史. 武汉: 华中科技大学出版社, 2009.
[26] 罗小未. 外国近现代建筑史. 2版. 北京: 中国建筑工业出版社, 2004.
[27] 李海清. 中国建筑现代转型. 南京: 东南大学出版社, 2003.
[28] 李锦秋, 狄红霞, 吴胜泽. 中外建筑史. 北京: 北京工艺美术出版社, 2017.
[29] 杨远, 刘莉莉, 曹永智. 中外建筑简史. 上海: 上海大学出版社, 2010.
[30] 李龙, 颜勤. 中外建筑史. 北京: 科学技术文献出版社, 2018.
[31] 汪坦, 藤森照信. 中国近代建筑总览. 北京: 中国建筑工业出版社, 1992.
[32] 赖德霖, 伍江, 徐苏斌. 中国近代建筑史. 北京: 中国建筑工业出版社, 2016.